滨海区水资源保护与综合治理

沈连起　李成光　田婵娟　常雅雯　著

黄河水利出版社
·郑州·

内 容 提 要

本书分析了滨海区水资源的特点及其保护要求,探讨了滨海区水资源保护与治理的主要任务,以山东省寿光市近年来水资源保护与综合治理工作为基础,从现状调查与评价、河道水污染防治、水生态保护、地下水资源保护、饮用水源地保护、水资源保护监测及综合治理等方面,系统展示了滨海区水资源保护与综合治理的创新做法,可为其他滨海地区提供有益的借鉴。

本书可供水资源开发利用、保护、管理工作者,以及高等院校相关专业师生阅读参考。

图书在版编目(CIP)数据

滨海区水资源保护与综合治理/沈连起等著. —郑州:黄河水利出版社,2021.7
ISBN 978-7-5509-3036-0

Ⅰ.①滨… Ⅱ.①沈… Ⅲ.①水资源保护–研究–滨海新区②水污染防治–研究–滨海新区 Ⅳ.①TV213.4②X52

中国版本图书馆 CIP 数据核字(2021)第 142354 号

组稿编辑:王路平 电话:0371-66022212 E-mail:hhslwlp@126.com

出 版 社:黄河水利出版社
　　　　　地址:河南省郑州市顺河路黄委会综合楼 14 层　邮政编码:450003
网址:www.yrcp.com
发行单位:黄河水利出版社
　　　　　发行部电话:0371-66026940、66020550、66028024、66022620(传真)
　　　　　E-mail:hhslcbs@126.com
承印单位:广东虎彩云印刷有限公司
开本:787 mm×1 092 mm　1/16
印张:10
字数:230 千字
版次:2021 年 7 月第 1 版　　印次:2021 年 7 月第 1 次印刷

定价:80.00 元

前　言

　　水是万物之母、生存之本、文明之源。随着人类文明的进步与发展,水资源的需求量不断增加,水环境不断恶化,水资源短缺已成为全球性问题。党的十九大报告强调,必须树立和践行绿水青山就是金山银山的理念,坚持节约资源和保护环境的基本国策,像对待生命一样对待生态环境;要统筹山水林田湖草系统治理,实行最严格的生态环境保护制度,形成绿色发展方式和生活方式。

　　滨海地区是我国人口最为密集、经济最为发达的地区,在我国经济社会生活中占有极其重要的地位。随着经济社会的快速发展和人民生活水平的不断提高,滨海地区对水资源的需求量呈逐年增大的态势,同时我国大部分滨海地区也是缺水地区,水资源、水环境、水生态矛盾突出,水资源短缺问题已成为滨海地区经济社会发展的重大制约"瓶颈"。这就对滨海区的水资源保护提出了更高的要求,加强滨海区水资源保护与综合治理,不仅可以实现滨海区水资源的可持续利用,还对促进和保障滨海区经济和社会的健康发展具有重要的指导意义。

　　本书以典型滨海区寿光市为例,对滨海区水资源的保护与综合治理进行了系统介绍。寿光市地处山东省的东北部,是典型的滨海地区,近年来受全球气候变化影响,寿光市的气候条件已发生较大的变化。同时随着工农业的迅速发展和城市化水平、水资源开发利用程度的不断提高,城市下垫面条件,地下水的补、径、排条件以及地表水与地下水之间的转化关系均相应发生了变化,造成了寿光市水资源供需矛盾突出、地下水环境恶化、海水入侵加剧等一系列问题。因此,开展寿光市水资源保护与综合治理刻不容缓。

　　本书由沈连起、李成光、田婵娟、常雅雯共同撰写。相关资料主要来源于作者主持或参与完成的多项科研(国家重点研发计划项目2016YFC0400905)及技术咨询成果。在此,向直接参与咨询项目的李福林、陈学群、范明元、管清花、王爱芹、刘彩虹、刘海娇、刘丹、杨小凤等同志,以及长期以来支持项目实施的寿光市水利局和山东省水利科学研究院的领导和同事们表示衷心感谢!

　　滨海区水资源保护是没有止境的,滨海区水资源综合治理活动也不会停息。本书作为水资源保护与综合治理的阶段性成果,希望能够引发大家的思考。路漫漫其修远兮,吾将上下而求索! 愿更多的人加入到滨海区水资源保护与综合治理行列中来。

作　者

2021 年 5 月

目　录

第一章 绪 论

水是生命之源、生产之要、生态之基。兴水利、除水害,事关人类生存、经济发展、社会进步,历来是治国安邦的大事。随着人类文明的进步与发展,水资源的需求量不断增加,水环境不断恶化,水资源短缺已成为全球性问题。水资源保护与治理是为维护水域水量、水质、水生态的功能与资源属性,防止水源枯竭、水污染和水生态系统恶化所采取的技术、经济、法律、行政等措施的总和。目前我国治水的主要矛盾已经从人民群众对除水害、兴水利的需求与水利工程能力不足的矛盾转变为人民群众对水资源、水生态、水环境的需求与水利行业监管能力不足的矛盾。因此,加强水资源保护,提高水资源综合治理能力对改善生态环境、防治水污染、保障水安全及满足经济社会的可持续发展都具有重要的意义。

第一节 滨海区水资源特点及其保护要求

一、滨海区水资源的特点

(1)水资源总量少,人均占有量低。

我国滨海地区的水资源总量仅占全国的1/4,人均水资源量不足全国的60%。天津、河北、辽宁和山东等北方滨海4省(市)的人均水资源量约为269 m^3,属资源性缺水;南方滨海地区7省(市)的人均水资源量约为560 m^3,但部分地区存在水质性缺水和资源性缺水。以典型滨海区寿光市为例,根据全省第三次调查评价成果,寿光市多年平均水资源总量为2.31亿 m^3,占潍坊市水资源总量24.5亿 m^3 的9.4%,占山东省水资源总量的1/131;2019年寿光市人均水资源占有量为208.7 m^3,低于山东省人均水平,不足全国平均值的1/10。

(2)降水年际年内变化剧烈,洪涝和干旱等自然灾害频发。

受水汽输入量、天气系统的活动情况、地形及地理位置等多种因素的影响,我国大部分滨海地区降水年内、年际变化大,河流源短流急,地表水拦蓄利用困难,自然调蓄能力弱,水资源短缺与洪涝灾害交替出现,造成滨海地区洪涝、干旱等自然灾害频发。连丰、连枯、旱涝急转已成为大部分滨海区水资源的主要特征。以寿光市为例,2013~2016年连续4年遭遇严重干旱,2018年和2019年又先后遭遇了"温比亚"和"利奇马"台风带来的严重洪涝灾害。

(3)地下水开采程度较高,多受海水入侵困扰。

我国大多数滨海地区由于过量开采地下水,存在不同程度的海水入侵问题。截至目前,我国发现海水入侵的地区有葫芦岛市、大连市、秦皇岛市、天津市、山东半岛、苏北平原、上海市、宁波市、北海市等,其中山东半岛的莱州湾地区海水入侵最为严重。海水入侵灾害严重破坏了滨海地区的地下淡水资源,造成饮用水水质下降、土壤盐渍化及供水管道、设备加速腐蚀老化等一系列问题,已成为制约滨海地区经济和社会发展的重要因素,给当地的生产、生活造成了严重影响。以寿光市为例,寿光市处于弥河下游冲洪积平原区,地势自南向北逐渐降低,由于历史海侵,寿光市北部58%的国土面积的浅层地下水为咸水,而地下淡水资源主要集中于南部淡水区,由于过量开发利用,很容易造成采补失衡的状况,导致地下水位持续下降,进而出现地下水漏斗区。

（4）经济社会发展较快,水资源供需矛盾突出。

滨海地区是我国人口最为密集、经济最为发达的地区,我国滨海地区11省(市)以约15%的土地养活了约全国40%的人口,创造了全国60%以上的国内生产总值(GDP),在我国经济社会生活中占有极其重要的地位。随着经济社会的快速发展和人民生活水平的不断提高,滨海地区对水资源的需求量呈逐年增大的态势,水资源供需矛盾日益加剧,产业结构亟须进一步优化调整。

二、滨海区水资源的保护要求

加强滨海区水资源保护,应深入贯彻落实党的十九大精神,坚持以习近平新时代中国特色社会主义思想为指导,紧紧围绕国家"四个全面战略布局"的目标要求,以"创新、协调、绿色、开放、共享"五大发展理念为引领,坚持"以水定城、以水定地、以水定人、以水定产",把水资源作为最大的刚性约束,坚持"节水优先、空间均衡、系统治理、两手发力"的新时期治水思路,按照"水利工程补短板、水利行业强监管"的水利改革发展总基调,以持续增强水利对滨海区经济社会发展保障能力为主线,坚持节水优先,建设幸福河湖,统筹地表水、地下水、外调水、非常规水资源,为滨海区新时期经济社会的可持续发展提供水资源保障。

（1）提高水资源管理能力,加快构建节水型社会。

加强滨海区水资源保护,应把水资源作为最大的刚性约束,深化滨海区水资源管理体制机制改革,根据标准定额,推动滨海地区产业升级改造,推广高效用水设施,建立和完善水资源高效利用体系,结合滨海区实际,积极发展海水淡化产业,加快构建节水型社会。

（2）严格控制地下水开采,加强海水入侵防治。

加强滨海区水资源保护,应严格控制地下水开采,通过实行区域地下水开发利用总量与水位双调控制度,采取地下水压采、水源置换和生态补源等多种措施,抬高滨海地区淡水水头,进一步控制海水入侵的速率。

（3）加大水污染防治力度,严格控制入海河流水质。

加强滨海区水资源保护,应该严格控制滨海区污染物入河(海)排放量,加大入河排污口整治力度,优化入河排污口布局,加强内源污染治理和面源污染控制,强化水生态保护举措,确保入河水质达到相关水功能区水质目标要求。

（4）调整优化产业结构布局,严格控制高耗水项目。

加强滨海区水资源保护,应严格控制水资源消耗总量和强度,通过推动化解过剩产能,助推供给侧结构性改革,进一步调整优化滨海地区的产业结构布局,严格限制新上高耗能、高耗水、高污染项目,加快淘汰落后技术、工艺和设备。

第二节　滨海区水资源保护与治理的任务

本节主要从河道水污染防治、水生态保护、地下水资源保护、饮用水源地保护、水资源保护监测、水资源保护综合管理等方面阐述滨海区水资源保护与治理的任务。

一、河道水污染防治

通过采取污染物入河量控制、入河排污口布局与整治、内源治理与面源控制等措施，开展滨海区入河（海）污染物防治工作。

二、水生态保护

通过分析滨海区水系生态建设现状，合理制定水生态保护与修复目标，在此基础上，开展水生态系统保护与修复总体布局，实施水生态系统保护与修复措施。

三、地下水资源保护

针对滨海区地下水资源保护的相关要求，制定地下水保护的总体布局，结合滨海区实际，开展地下水超采治理工程、水质保护工程及地下水补给带污染防治工程等保护工作。

四、饮用水源地保护

通过对滨海区饮用水源地保护区进行划分，有针对性地提出饮用水源地保护的相关要求，有计划地实施隔离防护、污染源综合整治及应急备用水源地等措施。

五、水资源保护监测

水资源保护监测主要包括监测系统和能力建设、监控管理系统建设两大项任务。其中，监测系统和能力建设包括水功能区水质监测、入河排污口监测、饮用水源地监测、建立完善水生态监测及地下水监控体系等；监控管理系统建设主要包括采集监控平台、数据传输平台、管理调配平台、业务应用平台、水资源管理系统、调水管理系统、防汛抗旱系统、工程管理系统、电子政务系统、城乡供水系统、生态水保系统及门户网站等内容。

六、水资源保护综合管理

滨海区水资源保护综合管理主要包括法律和制度建设、监督管理体制与机制、科学研究与技术推广等任务。

第三节　滨海区水资源保护与治理的思路

开展滨海区水资源保护与治理，应在前期工作经验的基础上，通过现状调查与评价，分析滨海区水资源保护方面存在的问题与不足，在此基础上，分别从河道水污染防治、水生态保护、地下水资源保护、饮用水源地保护、水资源保护监测和水资源保护综合管理等几个方面开展水资源保护与治理工作,提出污染物入河量控制、入河排污口布局与整治、内源治理与面源控制、水生态系统保护与修复、地下水资源保护、饮用水源地保护、水资源保护监测与综合管理等措施,建立滨海区水资源保护与综合治理的工程措施和非工程措施体系。

第四节　本书内容构成

本书共分为八章,其中第一章为绪论,第二至七章以寿光市为例,对滨海区水资源保护与综合治理进行了分析,第八章对滨海区水资源保护综合管理进行了总结。

第一章主要介绍滨海区水资源特点及其保护要求、滨海区水资源保护和治理的任务及思路;第二章主要介绍寿光市的区域概况,并对水质现状、入河排污口情况、水生态状况、地下水开发利用现状和饮用水源地安全状况等五个方面进行了调查评价;第三章分别从污染物入河量控制、入河排污口布局与整治、内源治理与面源控制等方面介绍入河排污口布局与整治的相关经验;第四章主要介绍水生态保护与修复的总体布局和修复措施;第五章主要介绍地下水资源保护的基本要求与总体布局、地下水超采治理与修复,以及地下水资源保护措施;第六章主要介绍饮用水源地保护区划分及保护措施;第七章主要介绍水资源保护监测方面的措施;第八章主要介绍法制、体制机制、科学研究与技术推广等水资源保护综合管理方面的经验。

第二章　现状调查与评价

第一节　区域概况

一、地理位置

寿光市地处山东省的东北部,位于小清河下游,渤海莱州湾的西南岸,地理坐标为北纬 36°41′~37°19′,东经 118°32′~119°10′。东接潍坊市寒亭区、潍城区,西毗邻东营市广饶县,南与昌乐县、青州市接壤,北临渤海莱州湾。南北纵长 60 km,东西宽 48 km,海岸线长 56 km,总面积 1 990.1 km²,约占全省总面积的 1.27%。

寿光市现辖圣城、文家、古城、洛城、孙家集 5 个街道办事处,羊口镇、化龙镇、营里镇、台头镇、田柳镇、上口镇、侯镇、纪台镇、稻田镇 9 个乡(镇)和 1 处双王城生态经济园区。寿光市现共计 1 021 个行政村(居委会),2019 年年末全市户籍人口总数 110.9 万人。寿光市以蔬菜历史悠久、面积大、质量优及经济效益和社会效益显著荣获"中国蔬菜之乡"的美誉。

二、地形地貌

(一)地形

从整体上来看,寿光市是一个自南向北缓慢降低的平原区,见图 2-1。南部地势高,孙家集街道三元朱村南地面高程 37.5 m(最高点在三元朱村东南角埠顶处,高程 49.5 m);北部沿海滩涂地势较低,已开发滩涂区地面高程一般在 1.0 m 以上。南北相对高差 36.5 m,水平距离 70 km,平均坡降万分之五。

(二)地貌

寿光市境内河流和地表径流自西南向东北流动,形成大平小不平的微地貌差异。全市地形总体分为 3 部分,划分成 7 个微地貌单元。寿光市微地貌单元分布情况详见表 2-1、图 2-2。

1. 南部缓岗区

该区西起孙家集街道大李家庄,经纪台镇张家庙子附近至稻田镇管村以南,为泰沂山区北部洪积扇尾。成土母质多为冲积物,土质较好。全区地形部位高,地面起伏大,地表径流强,潜水埋深大于 5 m。土壤类型多为褐土和潮褐土。

2. 中部微斜平原区

该区地势平缓、坡降很小,分布有河滩高地、缓平坡地、河间洼地等微地貌单元。因受河流影响,各个地貌单元呈南北走向间隔条带状分布。土壤母质为河流冲积物。河滩高地主要分布在丹河以东,南起稻田镇中部,北至侯镇南端,潜水埋深较大,水热条件好,主

图 2-1　寿光市地形图

要发育着褐土化潮土和潮土。河间洼地和河滩高地呈间隔平行分布。缓平坡地主要分布在化龙镇、文家街道,地形部位低,潜水较浅,多发育湿潮土,部分低洼地区发育着砂姜黑土。

　　3. 北部滨海浅平洼地

　　滨海浅平洼地主要包括侯镇、营里镇东部(原道口镇)和羊口镇、双王城生态经济园区(原卧铺乡)的全部或大部。地形部位低,海拔在 4~7 m。成土母质为海相沉积物与河流冲积物迭次相间。地下水埋深 1~3 m,矿化度较高。土壤为滨海盐土和滨海潮盐土。

表 2-1　寿光市微地貌单元分布位置

名称	分布位置
缓岗	孙家集街道、纪台镇大部分和稻田镇南部
河滩高地	丹河东岸,南起稻田镇中部,北至侯镇南端;弥河沿岸,南起孙家集街道、纪台镇以北,北至营里镇南部;寿光市以北
河间洼地	与河滩高地呈间隔平行分布
缓平坡地	文家街道西南部及化龙镇中部和南部
微斜平地	从河滩高地、河间洼地到浅平洼地的过渡带
浅平洼地	侯镇、营里镇、双王城生态经济园区和羊口镇的大部及台头镇的北部
海滩地	滨海沿岸近海处,海拔 1~2 m

三、水文气象

寿光市地处中纬度带,北濒渤海,属暖温带季风区大陆性气候。受冷暖气流的交替影响,形成了"春季干旱少雨,夏季炎热多雨,秋季爽凉有旱,冬季干冷少雪"的气候特点。

气温:年平均气温 12.7 ℃,年最高气温 14.2 ℃(1998 年),年最低气温 11.4 ℃(1969 年)。月平均气温 7 月最高,为 26.5 ℃;1 月最低,为-3.1 ℃。月平均气温年较差 29.6 ℃。极端最高气温 41.0 ℃,出现在 1968 年 6 月 11 日;极端最低气温-22.3 ℃,出现在 1972 年 1 月 27 日。

降雨量:历年(寿光站)平均降雨量 593.8 mm,最大降雨量 1 286.7 mm(1964 年),最小降雨量 299.5 mm(1981 年)。季节降雨高度集中于夏季(6~8 月)。全年平均降雨日数 73.7 d(≥0.3 mm 为一降雨日),7 月最多,平均 13.6 d;1 月最少,平均 2.4 d。

蒸发:年平均蒸发量(φ20 值)1 834.0 mm,最大年蒸发量 2 531.8 mm,最少年蒸发量 1 453.5 mm。年内蒸发变率较大,3~5 月蒸发量占全年蒸发总量的 30%~35%,6~9 月蒸发量占 45%~50%,10 月至次年 2 月蒸发量仅占 20%左右。

风向风速:全年主导风向为南偏东南风,出现频率为 10%。冬春季盛行西偏西北风,夏秋两季盛行南偏东南风。

年平均风速 3.1 m/s。4 月最大,平均 3.9 m/s;8 月最小,平均 2.4 m/s。最大风速 23.0 m/s,出现在 1984 年 3 月 20 日。

四、河流水系

寿光市境内多河流湖泊。清嘉庆《寿光县志》载:为河者九,为泊者二。民国二十四年《寿光县志》载:为河者十五,为湖者一,为泊者二。当时水利不兴,大小河流任其自然径流,夏秋季节,畅泄不通,多酿成水患。中华人民共和国成立后,政府重视河道治理,河貌已大为改观。现在全境共有 17 条河流,分大小 5 个水系,即弥河水系(包括张僧河东支、西张僧河)丹河水系、塌河水系(小清河主要支流,包括塌河干流、阳河、织女河、雷埠沟、龙泉河、乌阳河、王钦河、伏龙河、东西跃龙河、益寿新河)、桂河水系、崔家河水系(包

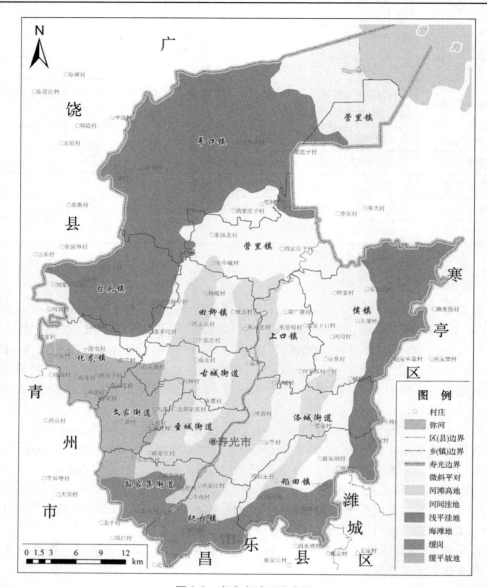

图 2-2　寿光市地貌分布图

括挑河子、芦洼沟、郭家营沟、斟灌沟）。最大的河流是弥河,纵贯市境南北,将全市分为东西两部分。

　　诸河流总流域面积 5 219 km²,其中临朐、青州、广饶、昌乐等县（市）客水流域面积 3 388 km²,寿光市境内流域面积 1 831 km²。境内诸河,除弥河、小清河有部分径流外,其他河道已基本干涸无径流。小清河从市境北端入海,长年流水,有水上运输之利。寿光市河流水系分布情况详如图 2-3 所示。

（一）弥河

　　弥河,又称巨洋水。《国语》称"具水",《后汉书》作"沫水",晋袁宏称"巨眛",南朝宋王韶之称"巨蔑",《唐书》称"米河",《齐乘》作"洱河",清顾炎武称"胸弥",今称弥河。

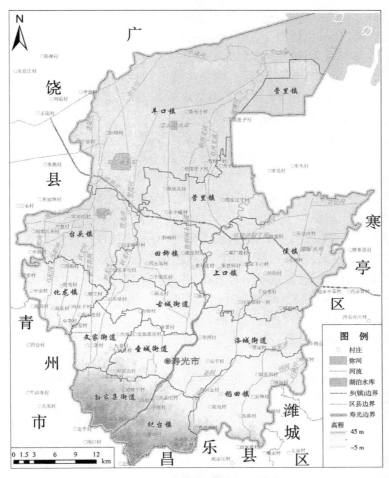

图 2-3 寿光市河流水系图

弥河是一条天然山洪河道,发源于沂蒙山北麓的临朐县九山,流经临朐、青州、寿光、滨海四县(市、区),汇入渤海,主河道长 216 km,总流域面积 3 863 km²,其中入境流域面积 2 263 km²,流域平均宽度 14.5 km。寿光市境内弥河主河道长 63.1 km,分流河道长 31.9 km,干流和分流防洪标准皆为 50 年一遇,干流 50 年一遇标准为 5 980 m³/s,分流 50 年一遇标准为 2 300~2 980 m³/s。在寿光市南部的纪台镇入境,分流口以上流经寿光市的纪台、孙家集、洛城、圣城、古城、上口、田柳、营里等 8 个镇(街道办事处),长 40.5 km。分流口以下为两分泄洪,即东老河道及原分洪道。干流由上口镇半截河村穿营里镇东部(原道口镇)、侯镇、滨海区向东入海,长 22.6 km。弥河分流自营里镇中营村北经营里、羊口镇,至羊口镇区东入海,长 31.9 km。弥河流域内共兴建大中型水库 3 座(冶源水库、嵩山水库、黑虎山水库),控制面积 1 164 km²,拦蓄水量 2.723 亿 m³。经多年平均径流资料分析,弥河年平均径流量 1.5 亿 m³。弥河水系南多北少,呈叶脉状东西两侧与干流汇集,主要支流有石河、石臼河、南阳河、洗耳河、丹河等。

(二)小清河

小清河干流,源于济南西部河睦里庄闸,纳玉符河下游分流之水,东西向流至济南北园,又汇市内诸泉水,流经历城、章丘、邹平、高青、博兴、桓台、广饶等县(市、区),自羊口镇刘旺庄入寿光境,在羊口镇以东入渤海。全长 237 km,市境长 28.45 km,总流域面积 10 276 km²,其中境内流域面积 1 225 km²(小清河部分流域与弥河流域重叠)。小清河是一条具有防洪、防潮、防涝、灌溉、航运等综合功能的河道。为一常流河,年平均总径流量为 5.8 亿 m³,年输沙量 29.1 万 t,排洪能力 250 m³/s,最大防洪能力 500 m³/s(新塌河汇流处以下河段泄水量大于 2 000 m³/s)。

境内河道,系 1891 年(清光绪十七年)人工开浚,河面宽约 175 m,水深 5~7 m。河口呈喇叭口状,当黄海高程为 0 米等深线时,河宽约 1 000 m,水深一般 2~5 m。当张潮时,海水沿河上溯,涌至内地 15 km 左右。河口外 1 000~2 000 m 处,有一拦门砂岭,当黄河高程为 0 米等深线时,水深 1.1 m,一般航运不能通行。结冰期在 1 月、2 月。

(三)塌河

塌河,也称漏沟。清代以前无此河,民国初年,卧铺庄村民挖沟排水泄入小清河,以后愈塌愈烈,直塌至巨淀湖,遂成塌河。塌河水系包括塌河干流、织女河、阳河、龙泉河、乌阳河、王钦河、伏龙河、益寿新河、雷埠沟等支流,各支流呈扇形分布,均在巨淀湖附近汇入塌河干流。1969 年昌潍专署组织寿光、临淄、益都三县开挖了新塌河,使上游来水由新、老塌河分流,以减轻老塌河排水负担。新塌河自阳河入织女河汇口处开始,顺原河经巨淀湖农场东裁弯取直至李家坞村西,改道向东北,在八面河村东入小清河。塌河主要承泄临淄、青州、广饶三县(市)客水,汇入市境内水。市境内长 39.72 km,流域面积 1 193 km²,河底宽 40~60 m,排涝流量 70 m³/s,防洪流量 125 m³/s,20 年一洪遇防洪流量 493 m³/s。塌河水系各支流河道,涉及淄博、东营、潍坊 3 个地(市)的临淄、广饶、青州、寿光 4 县(市)。寿光市境内,包括弥河以西 8 个镇(街道办事处),总耕地面积 80 万亩,总人口 42 万。

(四)丹河

丹河,古称丹水。《竹书纪年》说的"尧放丹朱于丹水",即指此水。丹河位于寿光市东部,涉及纪台、稻田、洛城、上口、侯镇共 5 个镇(街道办事处),是寿光市东部最大的一条排洪除涝河道。它发源于昌乐县山区,地面坡降陡,汇流急。在寿光市纪台镇张家楼村南入境,入境后多为平原洼地,地面坡降平缓,由侯镇北宋岭村北入弥河,境内全长 67.5 km,总流域面积 770 km²,其中寿光境内流域面积 522 km²,防洪标准 50 年一遇,排涝标准 10 年一遇,设计防洪流量 1 315 m³/s。丹河支流呈叶脉状从东西两侧汇集干流,支流有尧河、小丹河、杨家河、官庄沟等。

(五)桂河

桂河发源于潍坊市昌乐县五图街道方山北麓老官李村,流经昌乐县、寿光市、寒亭区、滨海经济开发区,于滨海区央子镇汇入白浪河,河道总长 57 km,流经面积 376 km²,是集行洪、排涝、灌溉等功能为一体的中小型河道。桂河属白浪河水系,有主要支流 2 条,分别为邢家河、白杨河。

桂河(寿光段)虽在 2013~2014 年进行了全段治理,但当时治理标准较低,防洪标准仅为 10 年一遇。2019 年台风"利奇马"期间,寿光市普降大雨,根据洪水退后的实际勘察及水痕测量情况,推求台风"利奇马"期间洪水标准超过 10 年一遇,现状河道断面较窄,大部分跨河建筑物阻水严重,河道行洪排涝能力严重不足,河道沿线村庄成为洪涝灾害的重灾区,内涝的持续难排给当地村民带来了很大的经济损失;同时支沟入口缺少控制性建筑物,导致桂河洪水倒灌入支沟;另外现状管护路不连续,洪水期间给抢险工作带来了极大的不便;非汛期上游的中水汇入主河槽污水水质影响村民取水灌溉,严重影响周边大棚种植产量,损害菜农的经济利益。

(六)崔家河

崔家河主河道在寒亭区境,寿光市境内诸水是其支流,是寿光市东部和寒亭区西北部的排涝河道,包括四条支流:挑河子、芦洼沟、斟灌沟、郭家营沟,均为人工开挖,承泄境内侯镇、洛城、稻田 3 个镇(街道办事处)坡水,于寿寒边界入崔家河。境内长 10.71 km,境内流域面积 130 km²。

1. 郭家营沟

从稻田镇潘家稻庄村北起,经南庄村南和村东、郭家营村南和村东,向北在寒亭区傅家村西流入干流,境内长 12 km,境内流域面积 47 km²,设计排涝流量 26 m³/s。

2. 斟灌沟

从洛城街道办事处东高湛村东起,经卞家村南、斟灌城南,向东在寒亭区傅家村西北与郭家营沟汇合成为崔家河干流,市内长 5.5 km,境内流域面积 20.3 km²,设计排涝流量 14.8 m³/s。

3. 芦洼沟

从洛城街道办事处辛庄子村北起,经侯镇碱疃村南、李家黄疃村南,在赵家黄疃村东北流入寒亭区境内,注入干流。市内长 7.5 km,境内流域面积 22.8 km²,设计排涝流量 16 m³/s。

5. 挑河子

从侯镇西毕村北起,经北仉庄村南,在赵家辛章村东南流入寒亭区境内,在禹王台村西北入干流。市内长 12.3 km,境内流域面积 39.8 km²,设计排涝流量 23.4 m³/s。

(七)西张僧河

西张僧河,是西部的重要排水系统,上游发源于孙家集街道办事处,流经圣城、古城、田柳、台头、羊口等镇(街道办事处),从清水泊农场场部东北部入营子沟。境内全长 40.96 km,总流域面积 390 km²,上游河槽底宽 10 m,口宽 16 m,河槽泄流能力 40 m³/s,5 年一遇排涝流量 76 m³/s。

(八)张僧河东支

张僧河东支,是中部贯穿南北的一条骨干排涝及灌溉河道。发源于孙家集街道办事处,流经圣城、古城、田柳、营里、羊口等镇(街道办事处),于清水泊农场三营前入弥河分流,河道总长 35.4 km,终点流域面积 157 km²。城区段原底宽 8~10 m,口宽 15~16 m,深度 2.5 m,五年一遇排涝流量 58 m³/s。因受城区上游单位建设暗河尺寸的限制,2003~2004 年城区部分新建设暗河,过水断面面积 7.5~8.0 m²,流量 15~16.8 m³/s。

旧时,张僧河无远源,系泄流寿光城区河水及临泽洼水而成。传说因下游阻水,有僧张姓者,挖渠疏通,遂命名为张僧河。张僧河原在张僧疃南,有两股汇流。一股发源于寿光城区,流经罗庄西,抵王古城至张僧疃。一股发源于尚家庄、临泽洼,在张僧疃与西股汇流后,向西北穿羊益公路,经东青冢村南拐向西,于朱家庄南复又折向北,经陈马庄西,在太平庄东与东跃龙河汇合并流,经牛头镇东、寇家坞南折向西北,于李家坞村南入塌河。此系张僧河故道,唯独张僧疃以后河道犹存。中华人民共和国成立初期,该河在张僧疃村东仍有二源,西股仍发源于寿光城南,经刘旺庄村西、岳家庄西,抵杨家庄村、曹家村至张僧疃东与东股汇合;东股发源于圣城街道金马寨南,经三官庙村东、东营村西、安家村西抵范家村,于张僧疃东与西股汇流仍入故河道下泄。

(九)织女河

织女河,在青州市称裙带河,广饶县叫泥河子。发源于临淄区、青州市的山丘地区,于台头镇刘家河头村入寿光境,折流至郑埝村东北,有阳河汇入,然后经巨淀湖农场南汇入塌河。境内全长 10.64 km,入境流域面积 341 km²,自阳河汇入后,流域面积为 757 km²。

(十)阳河

阳河,又称洋河。发源于淄博市临淄区,经青州、广饶两县(市)入寿光境,于郑家埝村东北汇入织女河。在付家庄西有龙泉河汇入,在北洋头村西分别有乌阳河、王钦河汇入。阳河境内长 9.5 km,入境流域面积 192.5 km²,下游入织女河处流域面积 318 km²。

中华人民共和国成立前,阳河原流经广饶县的李家桥、周家庄、北郭庄,在付家庄西入寿光境。因原河道曲回蜿蜒,危及村舍,两县于 1950 年协议将河改道。改道段西自广饶县的周家庄南,经南郭庄南,在付家庄西南入寿光境。1978 年 5 月,寿光县适应新的排水标准,将境内阳河进行改道治理,从付家庄西北起,改道向北,经连城庄子村东、大坨村西,在一座楼村西入织女河。

(十一)龙泉河

龙泉河,原名灵泉河。发源于青州仙人谷,在青州市张高村北入寿光境,向北流经化龙、台头两镇汇入阳河。境内长 5.94 km,入境流域面积 51 km²,入阳河处流域面积 86 km²。原河道在辛家庄北至安乐庄一段,曲回不直,1962 年,寿光县进行裁弯改道。

(十二)乌阳河

乌阳河,又称乌阳沟、乌洋沟。发源于青州市褚马庄前,由青州市邢家屯北入寿光境,经化龙、台头两镇,在北洋头村西北汇入阳河。境内长 14.5 km,入境流域面积 48.2 km²,入阳河处流域面积 98 km²。1974 年 10 月,由丰城公社进行裁弯改道治理,自马家北起,在南柴村南拐弯向东,张家屯村西拐弯向北,经鲍家村东,在禹王沟村南仍入原河道。自此旧河道废弃还田。

(十三)王钦河

王钦河,发源于青州市口埠西,在周家庄北入寿光境,在北柴村北汇入乌阳河。市内长 19.62 km,入境流域面积 58.4 km²,入乌阳河处流域面积 88 km²。

(十四)伏龙河

伏龙河,又名附龙河。发源于青州市口埠西,在文家街道办事处安乐屯村西流入寿光境,原至北台头镇入塌河。市境内长 20.5 km,入境流域面积 3.8 km²。自 1978 年益寿新河挖成后,从安乐屯以下河段已填平还耕。

(十五)跃龙河

跃龙河,分东西二条,俗称夹河。西跃龙河发源于青州市口埠镇,在张楼店村东入寿光境,在东罗桥村南与东跃龙河汇合,境内长 9 km,入境流域面积为 49.3 km²,下游汇合处流域面积为 84 km²。东跃龙河发源于青州市口埠东两市交界处,在东罗桥村南与西跃龙河汇流。境内长 15.83 km,入境流域面积为 10 km²,下游汇合处流域面积为 69.7 km²。两股汇流总流域面积 129 km²。

据民国二十四年《寿光县志》载:西跃龙河发源于龙泉区叶家官庄,经王家营、庞家庄至吕家后与东跃龙河合复为二。东股由牟司务桥,经瓦子桥,曲折经纪家桥入巨淀湖;西股由韩家庄经小罗桥、夏家店、二十里铺、五茅坨、张家庄北流入巨淀湖。1962 年在东罗桥将西股堵复截流,并入东股,自此下游废弃。东股仍经牟司务桥、瓦子桥、丁家庄子西,在唐家庄于 1950 年改道向北,在太平庄东入张僧河。该河道在大罗桥村东有八里沟汇入,单家村西有干河子汇入,在袁家桥东南有污水沟汇入。

自 1978 年益寿新河挖成后,西跃龙河在庞家村西纳入益寿新河;东跃龙河在潍高公路南纳入冀王沟。自此,潍高公路以南原河废弃,潍高公路以北旧河尚存,仍作排内涝坡水之用。

(十六)益寿新河

1977 年 10 月,为解决益都、寿光两县边界排水问题,原昌潍专署会同益都、寿光两县制订六河并流的规划方案,开挖一条新河道,将乌阳河、王钦河、伏龙河、西跃龙河、东跃龙河等河流,在益寿两县边界分别纳入新河,为此新河取名益寿新河。益寿新河分为东西段和南北段。东西段西起益都县周家庄西南新乌阳河,向东在周家庄南纳入王钦河,再向东入寿光境内,在文家街道安乐屯村西北纳入伏龙河,于庞家庄西有东、西跃龙河汇入后拐弯向北,于巨淀湖农场东南汇入塌河。境内长 28.37 km,入塌河处流域面积 306.2 km²,境内流域面积 252 km²,流量 118.2 m³/s。

(十七)雷埠沟

雷埠沟,发源于广饶县雷埠村西南,于南木桥村入寿光境,经北木桥村东,在东北坞村南入塌河,境内长 7 km。1970 年 10 月,寿光、广饶两县将雷埠沟从小码头村东改道向北入塌河。

五、社会经济

2019 年年末全市总人口 110.9 万人,其中城镇人口 58.0 万人,农村人口 52.9 万人,男女性别比为 101.6∶100。全年出生人口 13 735 人,死亡人口 7 288 人。人口出生率 12.4‰,死亡率 6.6‰,自然增长率 5.8‰,城镇化率为 52.3%。

寿光市 2019 年生产总值核算数据为 768.1 亿元,按可比价格计算,同比增长 3.7%。其中,第一产业 101.2 亿元,同比增长 1.1%;第二产业 328.5 亿元,同比下降 0.6%;第三产业 338.4 亿元,同比增长 9.4%。三次产业结构比为 13.2∶42.8∶44.0。

寿光市三次产业结构在改革开放后变化明显,从 1987 年之前的"一、二、三"产业结构提升为 2012 年的"三、二、一"产业结构。1988 年第二产业比例首次超过第一产业,1999 年第三产业比例首次超过第一产业,在 1988~1999 年间,三次产业的增加值较为接近,1999 年以后"二、三、一"产业结构清晰,第二、三产业占比明显上升,第一产业占比不断下降。

第二节　水质现状调查评价

一、地表水质现状评价

（一）水功能区水质评价

为反映寿光市水功能区的水质状况，根据已有的水质测站设置情况及水质资料情况，对 4 个水功能区进行水质评价，评价河长 235.5 km。各水功能区现状水质均为劣 V 类，全部未达标，见表 2-2。

表 2-2　寿光市水功能区水质评价表（2010 年）

水功能区		水质目标	水质类别			水功能区达标评价	
一级	二级		汛期水质	非汛期水质	全年水质	达标评价	主要超标因子及超标倍数
弥河潍坊开发利用区	弥河潍坊农业用水区	V	劣 V 类	劣 V 类	劣 V 类	未达标	溶解氧、氨氮、化学需氧量（COD_{Cr}）、高锰酸盐指数（COD_{Mn}）、五日生化需氧量（BOD_5）、挥发酚、总磷、氟化物、硫化物、阴离子表面活性剂等
	弥河寿光农业用水区	V	劣 V 类	V	劣 V 类	未达标	
丹河潍坊开发利用区	丹河潍坊农业用水区	V	劣 V 类	劣 V 类	劣 V 类	未达标	
白浪河潍坊开发利用区	桂河潍坊农业用水区	V	劣 V 类	劣 V 类	劣 V 类	未达标	

由现状地表水功能区水质评价结果可以看出，寿光市地表水污染严重。境内河道除弥河水质较好外，其他有水河道全部被污染，水质多为劣 V 类，水功能严重下降，基本失去了利用价值，使有限的水资源更加缺乏。

（二）河流水质评价

2010～2012 年，寿光市环保局对城区断面弥河张建桥进行监测，详见表 2-3～表 2-5。监测项目为水温、pH、DO、COD、高锰酸盐指数、BOD_5、氨氮、挥发酚、氰化物、石油类、砷、汞、铅、镉、六价铬、铜、锌、氟化物、硒、总氮、总磷、硫化物、阴离子表面活性剂、粪大肠菌群、电导率、氯化物共 26 项。按照《地面水环境质量标准》（GB 3838—2002）中的Ⅳ类标准，采用综合污染指数法，参数选用主要有机污染物和毒理学指标：DO、COD、高锰酸盐指数、BOD_5、氨氮、砷、汞、铅、镉、六价铬、氰化物、石油类、挥发酚进行评价，评价结果详见表 2-6。

表2-3　寿光市地表水水质(河流)监测结果(2010年)

单位:mg/L(标明者除外,pH除外)

河流名称:弥河　　断面名称:张建桥

监测日期(年-月-日)	水温(℃)	流量(m³/s)	pH	DO	高锰酸盐指数	COD	BOD₅	氨氮	挥发酚	氰化物	砷	汞	六价铬	铅
2010-05-05	11.0		7.55	7.56	8.0	28	5.6	1.27	0.002	—	—	—	—	—
2010-06-02	15.0		7.31	5.54	8.1	26	5.5	1.24	0.002	—	—	—	—	—
2010-07-02	25.2		7.46	7.06	8.4	25	5.1	1.36	0.002	—	—	—	—	—
2010-08-03	25.4		7.62	7.89	8.3	28	5.8	0.36	0.002	—	—	—	—	—
2010-09-03	24.1		7.40	7.14	6.9	24	4.9	0.44	0.002	—	—	—	—	—
2010-09-28	22.0		7.50	7.54	8.5	24	5.2	0.22	0.002	—	—	—	—	—
2010-11-01	13.4		7.78	7.49	8.5	27	5.7	0.18	0.002	—	—	—	—	—
2010-12-02	7.0		7.54	7.84	7.9	24	5.3	0.45	0.001	—	—	—	—	—

监测日期(年-月-日)	镉	石油类	总氮	总磷	硫化物	氟化物	铜	锌	阴离子表面活性剂	氯化物	硒	电导率(μs/cm)	类大肠菌群(个/L)
2010-05-05	—	0.2	1.44	0.072	—	0.96	—	—	—	—	—	1.47×10³	2.0×10³
2010-06-02	—	0.2	1.40	0.098	—	0.66	—	—	—	—	—	1.72×10³	2.0×10³
2010-07-02	—	0.2	1.38	0.102	—	0.56	—	—	—	—	—	1.47×10³	2.0×10³
2010-08-03	—	0.2	1.44	0.104	—	0.66	—	—	—	—	—	2.00×10³	2.0×10³
2010-09-03	—	0.2	1.40	0.104	—	0.66	—	—	—	—	—	1.568×10³	2.0×10³
2010-09-28	—	0.2	1.42	0.131	—	0.63	—	—	—	—	—	1.523×10³	2.0×10³
2010-11-01	—	0.2	1.38	0.110	—	0.68	—	—	—	—	—	1.33×10³	2.0×10³
2010-12-02	—	0.2	1.32	0.120	—	0.60	—	—	—	—	—	1.596×10³	2.0×10³

注:"—"表示未检出。

表2-4　寿光市地表水水质(河流)监测结果(2011年)

单位:mg/L(标明者除外,pH除外)

河流名称:弥河　断面名称:张建桥

监测日期 (年-月-日)	水温 (℃)	流量 (m³/s)	pH	DO	高锰酸 盐指数	COD	BOD₅	氨氮	挥发酚	氧化物	砷	汞	六价铬	铅
2011-01-04	5.1	0.2	7.51	7.90	8.85	23	5.76	1.04	0.001	—	—	—	—	—
2011-01-25	5.5	0.1	7.56	7.09	9.65	30	11.9	1.27	0.001	—	—	—	—	—
2011-03-07	8.5	0.1	7.49	7.84	9.09	30	15.9	1.22	0.001	—	—	—	—	—
2011-04-07	8.0	0.2	7.52	7.68	10.0	30	5.47	1.02	0.002	—	—	—	—	—
2011-05-08	17.0	0.3	7.10	6.19	9.78	29	5.63	1.18	0.002	—	—	—	—	—
2011-08-01	27.0	0.3	7.54	6.57	9.8	27	5.91	0.68	0.002	—	—	—	—	—
2011-09-01	22.0	0.2	7.48	5.70	9.5	26	5.88	0.222	0.002	—	—	—	—	—
2011-09-28	13.0	0.2	7.58	5.74	9.5	27	5.60	1.16	0.002	—	—	—	—	—
2011-11-01	9.0	0.3	7.51	6.06	9.5	25	5.68	0.34	0.002	—	—	—	—	—
2011-12-02	3.0	0.2	7.56	6.71	8.2	23	5.84	1.36	0.002	—	—	—	—	—

监测日期 (年-月-日)	镉	石油类	总氮	总磷	硫化物	氟化物	铜	锌	阴离子表 面活性剂	电导率 (μs/cm)	氯化物	硒	粪大肠菌群 (个/升)
2011-01-04	—	0.2	1.46	0.10	—	0.59	—	—	—	1.43×10³	—	—	2.0×10³
2011-01-25	—	0.1	1.48	0.11	—	0.67	—	—	0.16	1.63×10³	—	—	2.0×10³
2011-03-07	—	0.1	1.47	0.12	—	0.66	—	—	—	1.25×10³	—	—	8.0×10²
2011-04-07	—	0.2	1.48	0.100	—	0.58	—	—	—	1.59×10³	—	—	4.0×10²
2011-05-08	—	0.3	1.48	0.12	—	0.63	—	—	—	1.42×10³	—	—	2.0×10²
2011-08-01	—	0.3	0.89	0.12	—	0.60	—	—	—	1.725×10³	—	—	9.0×10²
2011-09-01	—	0.2	0.57	0.12	—	0.56	—	—	—	1.3×10³	—	—	9.0×10²
2011-09-28	—	0.2	1.35	0.12	—	0.64	—	—	—	1.425×10³	—	—	2.7×10²
2011-11-01	—	0.3	0.76	0.12	—	0.58	—	—	—	1.28×10³	—	—	2.1×10²
2011-12-02	—	0.2	1.42	0.12	—	0.69	—	—	—	1.824×10³	—	—	1.7×10²

注:"—"表示未检出。

表2-5　寿光市地表水水质(河流)监测结果(2012年)

单位:mg/L(标明者除外,pH除外)

河流名称:弥河　　断面名称:张建桥

监测日期(年-月-日)	水温(℃)	流量(m³/s)	pH	DO	高锰酸盐指数	COD	BOD₅	氨氮	挥发酚	氰化物	砷	汞	六价铬	铅
2012-01-04	2		7.49	7.01	7.40	19	5.58	0.91	0.002	0.009	—	—	—	—
2012-02-06	1		7.59	7.23	7.10	19	5.79	1.33	0.002	0.005	—	—	—	—
2012-03-01	3		7.54	7.05	7.60	20	5.44	1.42	0.002	—	—	—	—	—
2012-04-05	10		7.49	6.10	9.5	28	5.76	1.33	0.002	—	—	—	—	—
2012-05-02	16		7.65	6.71	10.0	29	5.69	1.32	0.002	0.004	—	—	—	—
2012-06-04	25		7.42	6.96	8.8	24	5.47	0.507	0.002	—	—	—	—	—
2012-07-03	23		7.61	7.16	9.1	23	5.54	1.10	0.002	0.005	—	—	—	—
2012-08-01	29		7.47	6.44	10.2	28	5.72	1.06	0.002	0.004	—	—	—	—
2012-09-03	23		7.59	7.17	9.8	26	5.81	1.08	0.002	—	—	—	—	—
2012-10-08	16		7.53	7.09	9.68	25	5.77	1.22	0.002	—	—	—	—	—
2012-11-02	12		7.74	6.92	9.52	27	5.79	1.29	0.002	—	—	—	—	—
2012-12-03	1		7.44	6.86	10.4	28	5.68	1.28	0.002	—	—	—	—	—

监测日期(年-月-日)	镉	石油类	总氮	总磷	硫化物	氟化物	铜	锌	阴离子表面活性剂	电导率(μs/cm)	氯化物	硒	粪大肠菌群(升/个)
2012-01-04	—	0.2	3.70	0.13	—	0.68	—	—	—	1.673×10³	—	—	1.4×10²
2012-02-06	—	0.2	4.80	0.15	—	0.76	—	—	—	0.936×10³	—	—	1.1×10²
2012-03-01	—	0.2	9.6	0.17	—	0.73	—	—	—	1.213×10³	—	—	1.3×10²
2012-04-05	—	0.2	3.62	0.12	—	0.72	—	—	—	1.024×10³	—	—	1.7×10²
2012-05-02	—	0.2	—	0.32	—	0.68	—	—	—	1.243×10³	—	—	6.0×10³
2012-06-04	—	0.2	—	0.14	—	0.82	—	—	—	1.243×10³	—	—	1.7×10²
2012-07-03	—	0.2	—	0.15	—	1.03	—	—	—	1.43×10³	—	—	7.0×10²
2012-08-01	—	0.2	—	0.16	—	1.05	—	—	—	1.727×10³	—	—	1.1×10²
2012-09-03	—	0.2	—	0.18	—	0.93	—	—	—	1.62×10³	—	—	4.0×10²
2012-10-08	—	0.32	—	0.19	—	1.19	—	—	—	1.76×10³	—	—	1.1×10²
2012-11-02	—	0.34	—	0.21	—	0.97	—	—	—	1.75×10³	—	—	1.1×10²
2012-12-03	—	0.36	—	0.20	—	1.25	—	—	—	1.527×10³	—	—	1.4×10²

注:"—"表示未检出。

表 2-6　2010～2012 年寿光市弥河地表水张建桥断面评价结果　　（单位：mg/L）

指标	2010 年		2011 年		2012 年	
	年平均	P_i	年平均	P_i	年平均	P_i
DO	7.26		6.75		6.89	
COD	25.75	0.86	27	0.9	24.67	0.82
BOD$_5$	5.39	0.9	7.36	1.23	5.75	0.86
氨氮	0.69	0.46	0.95	0.63	1.15	0.77
高锰酸盐指数	8.08	0.8	9.39	0.94	9	0.9
砷	—		—		—	
汞	—		—		—	
镉	—		—		—	
六价铬	—		—		—	
铅	—		—		—	
氰化物	—		—		—	
挥发酚	0.002	0.2	0.0017	0.17	0.002	0.2
石油类	0.2	0.4	0.21	0.42	0.24	0.48

二、地下水水质评价

（一）深层水源水质评价

深层水源监测项目包括色度、臭和味、浑浊度、肉眼可见物、pH、总硬度、溶解性总固体、硫酸盐、氯化物、铁、锰、铜、锌、挥发酚、阴离子合成洗涤剂、耗氧量、硝酸盐氮、亚硝酸盐氮、氨氮、氟化物、氰化物、汞、砷、镉、铬（六价）、铅、钙、镁、钾、钠、碳酸盐、重碳酸盐、总碱度等共计 33 项。

深层水源水质评价采用国家标准《生活饮用水卫生标准》（GB 5749—2006），采用单指标评价法确定水源水质是否合格，并统计超标项目和超标倍数。

经检测，寿光市地表水弥河水环境质量符合《地面水环境质量标准》（GB 3838—2002）中的Ⅳ类标准。

在评价的 36 处深层水源中，符合《生活饮用水卫生标准》（GB 5749—2006）的有 28处，占深层水源的 77.8%；不符合《生活饮用水卫生标准》（GB 5749—2006）的有 8 处，占深层水源的 22.2%。在不符合《生活饮用水卫生标准》（GB 5749—2006）的 8 处水源中，总硬度超标 5 处，占超标水源数的 62.5%，最大超标倍数为 1.47（寿光市洛城街道办事处查芦村南 200 m）；溶解性总固体超标 1 处，占超标水源数的 12.5%，最大超标倍数为 0.54（寿光市洛城街道办事处查芦村南 200 m）；氯化物超标 1 处，占超标水源数的 12.5%，最大超标倍数为 0.22（寿光市洛城街道办事处查芦村南 200 m）；耗氧量超标 1 处，占超标水源数的 12.5%，超标倍数为 0.39（寿光市台头镇纪家桥子村西南 400 m）；硝酸盐氮超标 7

处,占超标水源数的87.5%,最大超标倍数为1.91(寿光市洛城街道办事处查芦村南200 m 和寿光市孙家集街道办事处贾家庄)。深层水源具体评价结果见表2-7。

表2-7　深层水源评价结果

测井编号	测井位置	东经(°)	北纬(°)	评价结果	超标项目及倍数
1	寿光市化龙镇裴家岭村西200 m	118.56	37.00	合格	
2	寿光市化龙镇鲍家庄村北500 m	118.59	36.99	不合格	总硬度超标3%,硝酸盐氮超标10%
3	寿光市台头镇禹王沟村北100 m	118.60	37.02	合格	
4	寿光市台头镇北孙家庄子村南25 m	118.66	37.00	合格	
5	寿光市台头镇纪家桥子村西南400 m	118.70	37.02	不合格	总硬度超标12%,耗氧量超标39%,硝酸盐氮超标1.16倍
6	寿光市台头镇陈家马庄村北200 m	118.74	37.02	不合格	总硬度超标4%
13	寿光市化龙镇镇政府对面顺福橡胶厂	118.59	36.94	合格	
14	寿光市台头镇辛店村西南700 m	118.63	36.97	合格	
19	寿光市上口镇后牟邵村西北角100 m	118.88	36.94	合格	
23	寿光市文家街道北付家庄村东北400 m	118.73	36.93	合格	
26	寿光市化龙镇中李村东北100 m	118.61	36.92	合格	
35	寿光市洛城街办查芦村南200 m	118.83	36.82	不合格	总硬度超标1.47倍,溶解性总固体超标54%,氯化物超标22%,硝酸盐氮超标1.91倍
39	寿光市文家街道办事处岳家铺村南100 m	118.68	36.87	合格	
40	寿光市文家街道办事处八里村南200 m	118.69	36.89	合格	
45	寿光市孙家集镇泽科村东100 m	118.64	36.83	合格	
57	寿光市孙家集街道办事处三元朱村南120 m	118.67	36.78	不合格	硝酸盐氮超标52%
59	寿光市纪台镇吕家二村村委院内	118.71	36.76	合格	

续表 2-7

测井编号	测井位置	东经（°）	北纬（°）	评价结果	超标项目及倍数
60	寿光市纪台镇张家庙子村南 20 m	118.81	36.77	合格	
101	寿光市孙家集街道办事处前杨村	118.69	36.82	合格	
201	寿光市文家街道办事处布政庄	118.64	36.89	合格	
202	寿光市孙家集街道办事处营子社区	118.67	36.85	合格	
203	寿光市孙家集街道办事处贾家庄	118.66	36.83	不合格	总硬度超标33%，硝酸盐氮超标 1.91 倍
205	寿光市孙家集街道办事处二甲村	118.69	36.80	不合格	硝酸盐氮超标83%
210	寿光市孙家集街道办事处岳寺李村	118.71	36.78	合格	
212	寿光市圣城街道办事处西玉兔村	118.70	36.84	不合格	硝酸盐氮超标86%
213	寿光市文家街道办事处王家营子村	118.64	36.87	合格	
215	寿光市孙家集街道办事处胡营二村	118.72	36.82	合格	
221	寿光市文家街道办事处南马店村	118.64	36.91	合格	
223	寿光市文家街道办事处刘桥村	118.65	36.89	合格	
224	寿光市文家街道办事处西文村	118.65	36.89	合格	
225	寿光市文家街道办事处刘家庄村	118.64	36.88	合格	
226	青州市何官镇北张楼村	118.62	36.88	合格	
227	寿光市文家街道办事处二黄村	118.65	36.88	合格	
228	寿光市文家街道办事处高家官庄村	118.65	36.86	合格	
229	寿光市文家街道办事处业家官庄村	118.64	36.86	合格	
230	寿光市文家街道办事处西蔡家庄村	118.64	36.88	合格	

（二）浅层水源水质评价

浅层水源监测项目及相关检测依据和方法与深层水源相同。

浅层水源水质评价采用国家标准《地下水质量标准》（GB/T 14848—93），采用单指标评价法确定水源地水质类别，并对照Ⅲ类标准统计超标项目和超标倍数。

根据《地下水质量标准》（GB/T 14848—93），在评价的 45 处浅层水源中，达到水质Ⅲ类标准的有 19 处，占浅层水源的 42.2%。其中，水质为Ⅱ类的有 5 处，占浅层水源的 11.1%；水质为Ⅲ类的有 14 处，占浅层水源的 31.1%；超出水质Ⅲ类标准的有 26 处，占浅

层水源的 57.8%;水质为Ⅳ类的有 10 处,占浅层水源的 22.2%;水质为Ⅴ类的有 15 处,占
浅层水源的 33.3%;水质为劣Ⅴ类的有 1 处,占浅层水源的 2.2%。

在超标的 26 处水源中,pH 超标 1 处,占超标水源数的 3.8%;总硬度超标 24 处,占超
标水源数的 92.3%,最大超标倍数为 1.44(寿光市洛城街道黄家尧水村东南 700 m);溶
解性总固体超标 5 处,占超标水源数的 19.2%,最大超标倍数为 0.52(寿光市洛城街道黄
家尧水村东南 700 m);氯化物超标 1 处,占超标水源数的 3.8%,最大超标倍数为 0.14
(寿光市洛城街道黄家尧水村东南 700 m);硝酸盐氮超标 19 处,占超标水源数的 73.1%,
最大超标倍数为 1.75(寿光市纪台镇东方东村东南 180 m)。浅层水源具体评价结果见
表 2-8。

表 2-8 浅层水源评价结果

测井编号	测井位置	东经(°)	北纬(°)	评价结果	超标项目及倍数
7	寿光市田柳镇东庄子村东 50 m	118.78	37.02	Ⅲ	
8	寿光市上口镇张屯村南 300 m	118.86	37.00	Ⅱ	
9	寿光市上口镇东景明村村委院内	118.87	36.99	Ⅲ	
10	寿光市田柳镇东马庄村东头	118.83	36.99	Ⅳ	总硬度超标 6%
11	寿光市田柳镇田柳村东 100 m	118.80	37.00	Ⅱ	
12	寿光市台头镇夏家茔坨村南 300 m	118.68	36.98	Ⅴ	总硬度超标 34%,硝酸盐氮超标 1.42 倍
15	寿光市古城街道莱梧村东头	118.75	36.96	Ⅳ	总硬度超标 1%
16	寿光市古城街道办事处临泽村南 100 m	118.80	36.95	Ⅱ	
17	寿光市古城街道办事处垒村东 1 500 m	118.84	36.95	Ⅲ	
18	寿光市洛城街道办事处贤东村内预件厂院内	118.84	36.92	Ⅲ	
20	寿光市洛城街道办事处寨里村东南 350 m 连忠蔬菜公司对面	118.87	36.90	Ⅳ	总硬度超标 11%
21	寿光市古城街道周家庄东南 500 m	118.80	36.90	Ⅳ	硝酸盐氮超标 45%
22	寿光市古城街办西范家庄北 200 m	118.78	36.92	Ⅳ	总硬度超标 15%,硝酸盐氮超标 37%
24	寿光市古城街办久安三村委西 3 m	118.69	36.95	Ⅲ	
25	寿光市化龙镇埠西一村南 800 米鸭棚北	118.62	36.92	Ⅱ	

续表 2-8

测井编号	测井位置	东经(°)	北纬(°)	评价结果	超标项目及倍数
27	寿光市文家街办邱家庄村西 150 m	118.66	36.92	V	总硬度超标8%,硝酸盐氮超标99%
28	寿光市文家街道桑家庄西北 1 000 m	118.70	36.91	III	
29	寿光市文家街道北后三里村北 200 m	118.73	36.91	II	
30	寿光市圣城街办巨能公寓北部	118.75	36.87	IV	总硬度超标2%,硝酸盐氮超标14%
31	寿光市圣城街道办事处李家仕庄村东南 150 m	118.79	36.89	V	总硬度超标2%,硝酸盐氮超标93%
32	寿光市洛城街道办事处南齐疃村北 5 m	118.82	36.87	V	总硬度超标87%,溶解性总固体超标35%,硝酸盐氮超标1.38倍
33	寿光市洛城街道办事处黄家尧水村东南 700 m	118.87	36.86	V	总硬度超标1.44倍,氯化物超标14%,溶解性总固体超标52%,硝酸盐氮超标1.46倍
34	寿光市洛城街道办事处阎家庄村东南 240 m	118.87	36.85	V	总硬度超标15%,硝酸盐氮超标1.41倍
36	寿光市洛城街道办事处屯田村北 10 m	118.80	36.85	IV	总硬度超标11%
37	寿光市圣城街道办事处金马寨村东北 250 m	118.76	36.85	V	总硬度超标50%,硝酸盐氮超标9%
41	寿光市文家街道办事处布政庄村北 100 m	118.65	36.89	IV	总硬度超标9%

续表 2-8

测井编号	测井位置	东经 (°)	北纬 (°)	评价结果	超标项目及倍数
42	寿光市文家街道办事处王家营东 150 m	118.64	36.87	Ⅲ	
43	寿光市孙家集镇营子村东 80 m	118.67	36.85	V	硝酸盐氮超标69%
44	寿光市圣城街道办事处西玉兔村北路边	118.71	36.85	V	总硬度超标17%,硝酸盐氮超标1.50倍
46	寿光市孙家集镇小学西南 30 m	118.67	36.82	Ⅲ	
47	寿光市圣城街道办事处石门董村南 500 m 柳树下	118.69	36.83	Ⅲ	
48	寿光市圣城街道办事处南胡家庄村西 300 m	118.72	36.84	Ⅲ	
49	寿光市孙家集镇淄河店村中偏北	118.72	36.83	V	总硬度超标15%,硝酸盐氮超标1.47倍
50	寿光市孙家集东张庄村西 300 m	118.75	36.82	Ⅳ	总硬度超标19%
51	寿光市纪台镇东方东村东南 180 m	118.78	36.82	V	总硬度超标92%,溶解性总固体超标32%,硝酸盐氮超标1.75倍
52	寿光市纪台镇堠子坡村西 80 m	118.75	36.79	V	总硬度超标72%,溶解性总固体超标14%,硝酸盐氮超标1.69倍
53	寿光市孙家集街道办事处前王村西南 100 m	118.72	36.80	V	总硬度超标25%,硝酸盐氮超标1.60倍
54	寿光市孙家集街道办事处楼子李村西北 200 m	118.71	36.81	V	总硬度超标56%,溶解性总固体超标8%,硝酸盐氮超标1.58倍
55	寿光市孙家集镇潘家村村东 150 m	118.68	36.81	V	总硬度超标35%,硝酸盐氮超标1.70倍

续表 2-8

测井编号	测井位置	东经(°)	北纬(°)	评价结果	超标项目及倍数
56	寿光市孙家集镇小杨家庄村南 400 m	118.65	36.79	Ⅲ	
58	寿光市孙家集街道办事处岳寺高村北 200 m	118.70	36.78	Ⅳ	pH 超标,总硬度超标 8%
206	寿光市三水厂(金马寨村)	118.75	36.85	Ⅲ	
207	寿光市海化水厂 9 号供水站(大马疃)	118.75	36.83	劣Ⅴ	总硬度超标 23%,硝酸盐氮超标 1.23 倍
214	寿光市孙家集街道办事处王裴村	118.65	36.81	Ⅲ	
222	寿光市文家街道办事处安乐屯村	118.63	36.89	Ⅲ	

第三节　入河排污口调查评价

一、入河排污口分布

2010 年,寿光市共有入河排污口 8 处,分别是凯琳水务排污口、城北污水处理厂排污口、综合污水处理厂排污口、东城污水处理厂排污口、兴辰食品有限公司排污口、寿光东盛养殖有限公司排污口、鲁丽污水处理厂排污口、侯镇项目区污水处理厂排污口。其中,凯琳水务排污口和城北污水处理厂排污口位于西张僧河流域,东城污水处理厂排污口和鲁丽污水处理厂排污口位于丹河流域,综合污水处理厂排污口位于塌河流域,兴辰食品有限公司排污口位于益寿新河流域,寿光东盛养殖有限公司排污口位于跃龙河流域,侯镇项目区污水处理厂排污口位于官庄沟河流域。

二、入河排污口污废水排放量及排放规律

(一) 污废水排放量

入河污废水排放量包括工业污废水量与生活污废水量。工业污废水量是指经过企业厂区所有排放口排到企业外部进入河道的污废水量,包括生产废水、外排的直接冷却水、矿井地下水以及与工业废水混排的厂区生活污水;生活污废水量是指人类消费活动所产生的污水,如厨房、浴室、厕所等场所所排出的污水通过管网排入河道的污水量,经调查,寿光市年入河污废水排放量约为 8 000 万 m³。

(二) 排放规律

城镇污水排放高峰一般在 14:00~18:00,午夜处于最低值,呈现明显的排放规律,工业污废水的排放规律与工厂的生产运行密切相关,各排放口不尽相同,就日排放规律而言,大、中型企业多为连续排放,部分中小型企业和乡(镇)企业为间歇排放,城镇污水排放口均属于连续排放。

三、入河排污口污染现状评价

本次入河排污口评价根据寿光市的实际情况,对污水处理厂排污口水质依据《城镇污水处理厂污染物排放标准》(GB 18918—2002)二级标准进行评价,其他入河排污口水质依据《污水综合排放标准》(GB 8978—1996)二级标准进行评价,评价的主要指标包括COD_5、氨氮、总氮和总磷。

2010年寿光市主要入河排污口的水质见表2-9。

将寿光市主要排污口水质与《城镇污水处理厂污染物排放标准》(GB 18918—2002)二级标准和《污水综合排放标准》(GB 8978—1996)二级标准对比发现,现状寿光市主要入河排污口水质均符合相关水质标准要求。

表2-9　寿光市主要入河排污口水质现状(2010年)

入河排污口名称	项目测次	流量(m³/s)	水温(℃)	pH	COD(mg/L)	氨氮(mg/L)	总磷(mg/L)	总氮(mg/L)
城北污水处理厂入河排污口	5月	0.607	25.500	8.100	41.000	0.520	1.520	14.300
		0.625	22.500	8.000	35.200	0.530	0.460	15.900
		0.611	23.200	7.900	37.000	0.430	0.390	16.200
	10月	0.720	19.000	8.300	45.100	2.830	1.460	4.420
		0.682	17.600	8.400	46.900	2.790	0.760	5.780
		0.584	19.800	8.200	41.900	2.660	0.480	5.970
	平均	0.638	21.267	8.150	41.183	1.627	0.845	10.428
东城污水处理厂入河排污口	5月	0.208	22.000	8.000	39.200	5.470	0.160	12.700
		0.220	21.200	7.900	38.000	9.030	0.230	14.200
		0.214	22.500	8.100	44.900	5.560	0.220	13.900
	10月	0.190	19.000	8.200	45.100	5.780	0.280	13.400
		0.180	17.900	8.300	47.800	7.930	0.160	14.100
		0.165	19.700	8.300	42.900	6.210	0.140	13.600
	平均	0.196	20.383	8.133	42.983	6.663	0.198	13.650
凯琳水务入河排污口	5月	0.389	24.000	8.200	85.800	4.110	0.300	11.100
		0.415	23.700	8.000	73.000	4.540	0.270	13.400
		0.404	23.500	8.100	73.800	4.620	0.250	10.600
	10月	0.088	18.300	6.900	78.300	4.320	0.280	10.600
		0.067	18.800	6.600	82.300	4.120	0.340	12.800
		0.200	21.000	6.200	77.500	3.970	0.220	11.500
	平均	0.261	21.550	7.333	78.450	4.280	0.277	11.667

续表 2-9

入河排污口名称	项目测次	流量 (m³/s)	水温 (℃)	pH	COD (mg/L)	氨氮 (mg/L)	总磷 (mg/L)	总氮 (mg/L)
综合污水处理厂入河排污口	5月	0.654	23.500	8.200	78.600	9.620	0.170	19.400
		0.659	23.000	8.300	73.800	9.740	0.240	21.600
		0.649	22.000	8.100	76.600	9.890	0.190	19.000
	10月	0.362	18.200	7.900	64.300	7.320	0.220	18.200
		0.213	19.000	8.100	55.500	7.690	0.280	19.300
		0.330	18.000	7.400	50.300	8.130	0.230	17.900
	平均	0.478	20.617	8.000	66.517	8.732	0.222	19.233
兴辰食品有限公司排污口			20.000	8.000	78.200	9.200	0.890	24.100
寿光东盛养殖有限公司排污口			21.000	7.300	82.800	9.900	0.798	24.890
鲁丽污水处理厂			19.800	7.800	60.300	6.780	0.211	12.560
侯镇项目区污水处理厂排污口			20.800	8.100	56.090	7.120	0.324	11.340

第四节　水生态状况调查评价

一、评价指标

根据寿光市水生态系统特点、水生态保护目标分布及敏感生态问题,参照《全国主要河湖水生态保护与修复规划》中水生态状况评价指标开展水生态状况评价工作。水生态状况评价指标主要包括水文水资源、水环境状况、物理形态、生物状况及社会服务功能五个方面的 12 项指标,见表 2-10。

表 2-10　水生态状况评价指标

序号	指标名称	准则层	概要说明
1	水资源开发利用率*	水文水资源	流域内各类生产与生活用水及河道外生态用水的总量占流域内生态安全可开发利用水资源量的比例关系
2	流量变异程度		评估河段年内实测月径流过程与天然月径流过程的差异

续表 2-10

序号	指标名称	准则层	概要说明
3	水功能区水质达标率	水环境状况	水功能区水质达到其水质目标的个数(河长、面积)占水功能区总数(总河长、总面积)的比例
4	湖库富营养化指数		评价湖泊、水库水体富营养化程度
5	水库泄水水温		水工程建成后水库下泄水体的温度及其温度年内月变化过程
6	纵向连通性	物理形态	河流系统内生态元素在空间结构上的纵向联系
7	横向连通性*		具有连通性的水面面积或滨岸带长度占评价水体的比值
8	重要湿地保留率	生物状况	区域内重要湿地在不同水平年的总面积与 20 世纪 80 年代前代表年份水体总面积的比值
9	鱼类生物损失指数*		鱼类种数现状与历史参考系鱼类种数的差异状况,反映流域开发后河流生态系统中顶级物种受损失状况
10	鱼类生境状况		国家重点保护的、珍稀濒危的、土著的、特有的、有重要经济价值的鱼类种群生存繁衍的栖息地状况
11	水能生态安全开发利用程度*	社会服务功能	流域或区域内保证生态安全的水能开发利用程度
12	景观保护程度		定性评价各类涉水景观保护程度

注:表中标注 * 的四项指标作为选评指标。

二、评价结论

(一)水资源开发利用程度

水资源生态安全可开发利用率是指基于流域生态安全的流域内各类生产与生活用水及河道外生态用水的总量占流域内水资源量的合理限度。

水资源开发利用率计算公式如下:

$$C = \frac{W_u}{W_r} \tag{2-1}$$

式中:C 为水资源开发利用率;W_r 为水资源总量;W_u 为水资源开发利用量,本书水资源开发利用量指毛利用量。

综合各类研究成果,目前国际上公认的外流河保障流域生态安全的水资源可开发利用率为 30% ~ 50%,本次应根据实际情况及有关成果,初步确定水资源生态安全可开发利用率 C_0。水资源开发利用程度可用以下表达式评价:

$$N = \frac{C}{C_0} \tag{2-2}$$

水资源开发利用程度指标评价标准见表 2-11。

表 2-11　水资源开发利用程度指标评价标准

指标名称	评价标准				
	优	良	中	差	劣
水资源开发利用程度(%)	<50	50~80	80~120	120~150	>150

根据《寿光市创建山东省水生态文明城市实施方案》成果:寿光市现状地表水资源开发率、浅层地下水开采率、水资源开发利用率分别为 25.4%、85.9%、56.9%,总体评价为良。

(二)流量变异程度

流量变异程度指现状开发状态下,评估河段年内实测月径流过程与天然月径流过程的差异。反映评估河段监测断面以上流域水资源开发利用对评估河段河流水文情势的影响程度。

根据《寿光市现代水网规划》,弥河多年平均天然径流量 3.08 亿 m³,实测径流量 2.26 亿 m³,流量变异程度约为 0.3,赋分 50。

(三)水功能区水质达标率

水功能区水质达标率指在某水系(河流、湖泊),水功能区水质达到其水质目标的个数(河长、面积)占水功能区总数(总河长、总面积)的比例。水功能区水质达标率反映河流水质满足水资源开发利用和生态与环境保护需要的状况。

在评价子时段 T_j 内,各类别水功能区的个数(河长、面积)达标率(c_{jk})的计算公式为

$$c_{jk} = \frac{d_{jk}}{z_{jk}} \qquad (2-3)$$

式中: c_{jk} 为在第 j 个评价子时段第 k 类水功能区个数(河长、面积)达标率(%); d_{jk} 为第 j 个评价子时段第 k 类水功能区达到水质目标的个数(河长、面积); z_{jk} 为第 j 个评价子时段第 k 类水功能区的总个数(总河长、总面积)。

水功能区水质达标率评价分级标准见表 2-12。

表 2-12　流域(区域)水功能区达标率评价标准

评价指标	标准分级				
	优	良	中	差	劣
水功能区达标率(%)	≥90	70~90	60~70	40~60	<40

根据《山东省水功能区水质通报(2010年)》,2010 年寿光市水功能区达标率为 83%,评价结果为良。

(四)湖库富营养化指数

湖库富营养化指数计算与评价采用指数法。湖库营养状态评价项目共 5 项,包括总磷(TP)、总氮(TN)、叶绿素 a(chla)、高锰酸盐指数(COD$_{Mn}$)和透明度(SD)。如果评价项目不足 5 项,则评价项目中必须至少包括 TP 及叶绿素 a,透明度可根据当地实际情况灵活掌握。营养状态一般分为贫营养、中营养和富营养三级。本次采用《全国水资源综合规划》相关成果,湖库富营养状态评价标准见表 2-13。

表 2-13　湖库富营养状态评价标准

湖库富营养化指数	评分值	叶绿素 a（mg/m³）	总磷（mg/m³）	总氮（mg/m³）	高锰酸盐指数（mg/L）	透明度（m）
1	10	0.5	1.0	20	0.15	10.00
1	20	1.0	4.0	50	0.4	5.00
2	30	2.0	10	100	1.0	3.00
2	40	4.0	25	300	2.0	1.50
3	50	10.0	50	500	4.0	1.00
3	60	26.0	100	1 000	8.0	0.50
4	70	64.0	200	2 000	10.0	0.40
4	80	160.0	600	6 000	25.0	0.30
5	90	400.0	900	9 000	40.0	0.20
5	100	1 000.0	1 300	16 000	60.0	0.12

具体做法为：①查表将单项参数浓度值转为评分，监测值处于表列值两者中间者可采用相邻点内插，或就高不就低处理；②几个参评项目评分值求取均值；③用求得的均值再查表得富营养化指数。

根据寿光市水利局提供的巨淀湖水质检测数据，寿光市巨淀湖富营养化指数为 3。

（五）纵向连通性

纵向连通性是指河流系统内生态元素在空间结构上的纵向联系，可从下述几个方面得以反映：水坝等障碍物的数量及类型；鱼类等生物物种迁徙顺利程度；能量及营养物质的传递。其数学表达式为

$$W = N/L \tag{2-4}$$

式中：W 为河流纵向连通性指数；N 为河流的断点或节点等障碍物数量（如闸、坝等），已有过鱼设施的闸坝不在统计范围之列；L 为河流的长度。纵向连通性指标评价标准见表 2-14。

表 2-14　纵向连通性指标评价标准　　　　　　　（单位：个/100 km）

指标名称	评价标准				
	优	良	中	差	劣
纵向连通性	<0.3	0.3~0.5	0.5~0.8	0.8~1.2	>1.2

弥河：2001 年来，弥河寿光段建设 8 座拦河闸坝，纵向连通性评价结果为劣。丹河、桂河上均建有拦河闸坝，纵向连通性较差。

（六）重要湿地保留率

重要湿地保留率是指区域内重要湿地在不同水平年的总面积与 20 世纪 80 年代前代表年份水体总面积的比值。对河段而言，指具体某湿地面积的变化情况。重要湿地保留率指标评价指标见表 2-15。

表 2-15　重要湿地保留率指标评价标准

指标名称	评价标准				
	优	良	中	差	劣
重要湿地保留率(%)	>90	70~90	50~70	30~50	<30

巨淀湖为寿光市唯一的天然湖泊,原有湖区面积 5 万亩,是寿光市最大的天然湿地,也是寿光市自然面貌保持最原始的地方,属于季节性湖泊。后来,经过历史变迁和良田改造,现在缩减到了 3 万亩,保留率约 60%,评价结果为中。

(七) 鱼类生境状况

本次鱼类重点关注国家重点保护的、珍稀濒危的、土著的、特有的、有重要经济价值的种类,鱼类生境重点关注产卵场、索饵场、越冬场。

该指标为定性描述指标,通过国家或地方相关名录及水产部门调查成果,调查了解工程影响范围内主要鱼类产卵场、索饵场、越冬场状况,调查内容包括鱼类"三场"的分布、面积、保护情况。评价方法宜定性,采用专家判断法,评定结果分为"优、良、中、差、劣"五个等级,见表 2-16。

表 2-16　鱼类生境状况指标评价标准

指标名称	评价标准				
	优	良	中	差	劣
鱼类生境状况	鱼类"三场"及洄游通道保护完好,水分养分条件满足鱼类生存需求	鱼类"三场"及洄游通道保护基本完好,水分养分条件基本满足鱼类生存需求	鱼类"三场"及洄游通道受到一定保护,水分养分条件尚可维持鱼类生存	鱼类"三场"及洄游通道受到一定破坏,水分养分条件难以满足鱼类生存需求	鱼类"三场"及洄游通道完全遭受破坏,水分养分条件无法满足鱼类生存需求

根据现场调查的资料,目前寿光市小清河入海口湿地、弥河鱼类生境较好。丹河、桂河受水质水量影响,生态状况较差。

(八) 景观保护程度

景观保护程度是指国家级和省级涉水风景名胜区、森林公园、地质公园、世界文化遗产名录和布局范围内的城市河湖段等各类涉水景观,依照其保护目标和保护要求,人为主观评定其景观状态及保护程度,分为"优、良、中、差、劣"五个级别,评价标准见表 2-17。

表 2-17　景观保护程度指标评价标准

指标名称	评价标准				
	优	良	中	差	劣
景观保护程度	采取了极为有效的保护措施,效果十分明显,景观整体保护完整	采取了符合景观保护要求的措施,具有较好的保护效果,景观整体无明显受损情况	采取了与景观保护原则基本一致的保护措施,效果一般,局部景观有破坏现象	部分采取保护措施,仅核心景观受到保护,或虽采取了保护措施,但人工效果过度,景观具有一定破损现象	无明显保护措施,景观受损现象严重

　　寿光市弥河水利风景区位于寿光市建成区东部,以弥河水面为依托,全长 26.5 km,总面积 22 km²。该景区贯穿"以人为本、人水和谐"的治水理念,以生态农业文化为特色内涵,以构建"绿色植物、蓝色水体、彩色蔬菜"的锦绣弥河为风格,按照"一轴"(水景观轴)、"一环"(环河林荫道)、"一园"(中华牡丹园)、"五片"(蔬菜博览苑、林果绿洲区、花城风采区、水上游览区、滨水住宅区)的布局形式,使风景区形成了"一河"(弥河)、"两溪"(桃花溪和弥河串)、"两湾"(长堤湾和月亮湾)与岛、堤、滩、洲组合的独具特色的水体景观,构建了"大水面、大空间、大绿地"格局,形成了生态优良、布局合理、特色鲜明,集观光游览、生态休闲、科普科技为一体的开放型滨水空间,获得了"中国优秀旅游城市""山东省优秀水利风景区""AAA 国家级旅游景区""国家水利风景区"等多项荣誉。综合评定结果为优。

第五节　地下水开发利用现状调查评价

一、地下水资源状况

　　地下水资源量主要指与大气降水和地表水体有直接补排关系的矿化度小于 2 g/L 的浅层淡水资源量。地下水资源量除受大气降水影响外,还受地形、地貌、岩性、地质构造和人类活动的影响,地下水位呈动态变化状态。寿光市多年平均地下水资源量为 2.05 亿 m³,地下水产水模数为 9.08 万 m³/km²。

二、地下水超采状况

　　寿光城区及其水源地分布地段以及中北部农业井灌区,地下水开采量大,持续时间长,地下水采补严重失衡,地下水位持续大幅度下降,使地下水降落漏斗形成并不断发展。如寿光城区地段,该地段地下水位由 1976 年的 19.62 m 下降到 2011 年的 -11.32 m,累计下降 30.94 m,年均下降 1.03 m。

　　南部地段由于地下水多以农业灌溉分散方式开采,开采量主要随季节变化,且更靠近弥河冲积扇的首部,地下水的补给条件好,含水层埋藏较浅,地下水位随降水量变化明显,为地下水位稳定下降区,地下水位年均降幅 0.70 m。

　　弥河以东的农业灌溉开采地段,地下水位主要随开采和降雨量的变化呈季节变化,由于受到弥河水和上游侧渗的补给,地下水位总体处于缓慢回升状态,为地下水位稳定上升区,地下水位年均变幅 1.17~3.54 m。

　　寿光市南部地处淄博—潍坊大型地下水漏斗区。该区域含水层岩性主要为中粗砂、粗砂砾石等,地下水埋深一般为 25~40 m,局部地段大于 40 m,近 20 年来漏斗面积一直在 4 000 km² 上下,区内农业开采量巨大,占总开采量的 70% 左右。漏斗区 5 m 等水位线东与昌邑漏斗区相接,西部经青州的北部与淄博漏斗区相连,潍坊市境内漏斗区面积 1 200 km²,其中寿光市境内近 900 km²。

　　近 20 年来寿光市境内又先后建起了山东海化水源地、晨鸣集团自备井水源地、市自来水公司水源地等多处集中开采的水源地,开采规模在 0.5 万~3 万 m³/d 不等,使得局部漏斗与区域漏斗相叠加。

寿光市境内的局部漏斗区分述如下：

（1）寿光城区漏斗区。以城区附近为中心，主要受晨鸣集团自备井水源地和寿光城区自来水公司水源地（弥河以西）开采影响，向北部扩展较快。2012年初漏斗中心地下水位埋深53.52 m，海拔-20 m的漏斗区面积14.96 km²，海拔-15 m的漏斗区面积87.17 km²（与久安—后瞳—古城漏斗区连成一片）。该漏斗区形成时间早，影响范围大，是寿光市境内主要的漏斗区之一。

（2）久安—后瞳—古城漏斗区。该漏斗区主要受久安（向羊口镇供水）水源地、后瞳水源地及古城工业区企业（巨能、联盟等）自备井水源地开采影响，漏斗区东西方向扩展明显，南北方向受后瞳水源地开采和城区漏斗区的影响也呈加速趋势。漏斗中心地下水位31.50 m，海拔-20 m的漏斗区面积23.67 km²。该漏斗区是由羊口镇水源地漏斗区发展而来，随着古城工业区寿光巨能特钢厂、热电厂以及联盟化工自备井水源地开采量的不断增大而扩展，是目前区内发展最快的漏斗区，已与寿光城区漏斗区连成一体。

（3）化龙—南柴—北柴漏斗区。该漏斗区主要受化龙镇水源地开采影响，形成于2008年，漏斗区向南—西东北方向扩展较快，漏斗中心地下水位37.32 m，海拔-20 m、-15 m的漏斗区面积分别为25.29 km²、47.82 km²。

（4）寒桥—上口—五台漏斗区。该漏斗区的西部主要受上口镇附近工业生活用水开采和海化集团寒桥水源地、寿光自来水公司东城水源地开采的影响，东部主要受侯镇工业生活开采影响，漏斗中心地下水位埋深24.30 m，海拔-5 m的漏斗区面积为29 km²。该漏斗区为弥河以东主要漏斗区，随开采量的增减而变化。

三、地下水超采引发的环境地质问题

寿光市北部是卤（咸）水分布区，自20世纪80年代初期，由于淡水一侧过量开采地下水，破坏了原来的咸淡水极限平衡，导致咸水入侵。历史上潍坊市进行过三次咸水入侵普查工作，分别为1974年、1992年、2003年。根据普查结果，寿光市境内1974~1992年咸水入侵面积为77 km²，年均入侵速度4.81 km²/年，入侵直线速度年均0.21 km/年，入侵最大距离3.4 km；1993~2003年咸水入侵面积为40 km²，年均入侵速度3.64 km²/年，入侵直线速度年均0.10 km/年，入侵最大距离1.1 km/年。目前咸淡水分界线位于三号线路以南的台头—田柳—上口—李家黄瞳一线，正处于咸水入侵的减缓阶段。

四、地下水水质变化趋势

选用纪台、稻田2个地区1991~2011年（其中2006年资料缺失）的地下水观测井水质监测资料进行统计分析，以监测项目含量为纵坐标、年限为横坐标，分别做出总硬度、硫酸盐、氯化物3个具有代表性监测项目的趋势图见图2-4~图2-6。

从图2-4~图2-6可以看出，在2000年以前水质情况比较稳定，2000~2007年由于地下水位下降、咸水入侵等因素的影响，水质变化较大；2007年至今水质情况趋于稳定。从整体上分析，各水质监测项目含量相对变化不大。从地理位置来看，稻田由于位置偏北，受咸水入侵等因素的影响较大，水质变化较大，且呈现不规律的变化趋势；纪台位置偏南，

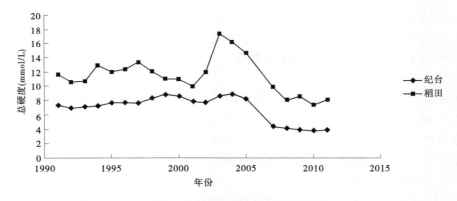

图 2-4 寿光中南部地下水总硬度变化趋势图

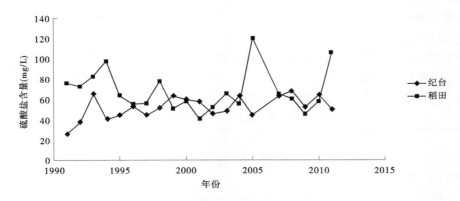

图 2-5 寿光中南部地下水硫酸盐变化趋势图

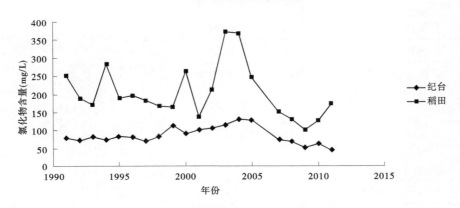

图 2-6 寿光中南部地下水氯化物变化趋势图

水质变化较小,且随着近年地下水保护的加强,3 项监测指标均有不同程度的下降。

五、地下水污染

本书重点对寿光市集中供水水源地进行地下水污染调查。寿光三水厂拟搬迁,故不进行污染源调查及分析。寿光城北水厂水源地、东城水厂水源地、后瞳水厂水源地、田马水厂水源地、化龙水厂水源地、古城水厂水源地等污染源调查及计算列表内的参数均参考《全国水环境容量核定指南》及寿光市现状选定。

（一）寿光城北水厂水源地污染源调查

1.调查范围

寿光城北水厂水源地位于寿光市渤海路与寿济路交叉路口东南角,中心地理坐标为东经 118°44′16″,北纬 36°54′48″。现有机井数量 11 眼,规划取水井 15 眼,补给来源主要有降水入渗补给、南部地下径流补给以及水源地东边的弥河河流侧渗补给,属于中小型孔隙水承压水水源地,根据《潍坊市饮用水水源保护区划定方案》,本次调查范围为一级保护区（按边界距最近净间距为 70 m 的多边形范围内区域,面积为 0.4 km²）和准保护区（富水区域,范围为东至银海路,西至菜都路,南至文圣街,北至北环路北侧 2 km 的范围,面积约为 12 km²）。

2.调查结果

寿光城北水厂水井基本情况见表 2-18。根据本次水源地污染源调查结果,寿光城北水厂水源地一级保护区内[对于井群区（井间距离<140 m）,按边界距最近井间距 70 m 的多边形范围内区域,保护区面积 0.4 km²]没有发现规模化畜禽养殖企业和其他建筑物,准保护区内（富水区域）调查结果见表 2-19～表 2-25。

表 2-18　寿光城北水厂水井基本情况

水井编号	周边情况	详细地理坐标		水井现状
		经度	纬度	
1	厂区内	118°44′16″	36°54′48″	
2	厂区外,农田内,有防护栏	118°44′16″	36°54′45″	
3	厂区内	118°44′21″	36°54′45″	
4	厂区内	118°44′21″	36°54′48″	
5	厂区外,农田旁,有防护	118°44′24″	36°55′15″	
6	厂区外,农田旁,有防护栏	118°44′20″	36°55′07″	
7	厂区外,有防护栏	118°44′18″	36°55′01″	
8	厂区外,无防护栏,公路东边,搬至路西	118°44′14″	36°54′51″	
9	厂区外,有防护栏	118°44′11″	36°54′40″	
10	厂区外,麦田内,无防护栏	118°44′07″	36°54′34″	
11	厂区外,机械仓库外,有防护栏,仓库存放机械设备,无废水排放	118°44′14″	36°54′34″	

表 2-19 寿光城北水厂准保护区内工业污染源排放调查表

水源地名称:寿光城北水厂					保护区级别:准保护区		
企业名称	地址	废水排放量(万 t/年)	主要污染物名称	排污量(t/年)	排污方式	企业排污口至入河排污口距离(km)	备注
寿光市千运印业有限公司	文家街道	1.6	COD	0.8	寿光市中心城区污水处理厂集中处理	38	在建

表 2-20 寿光城北水厂准保护区内城市生活污染源调查表

水源地名称:寿光城北水厂						水源地编码:				
保护区级别	城镇名称	非农业人口数量(人)	社会综合用水量(万 t/年)	人均综合用水量(t/年)	人均综合排水量(t/年)	生活污水平均浓度(mg/L)				排污去向
						COD	氨氮	总氮	总磷	
准保护区	圣城街道	1 800	7.97	44.3	35.44	360	38	67	2.6	排入寿光市中冶华天水务有限公司集中处理
	文家街道									

表 2-21 寿光城北水厂准保护区内农村生活污染源调查表

水源地名称:寿光城北水厂			水源地编码:	
保护区级别	农业人口数(人)	人均综合用水量(t/年)	人均废水排放量(t/年)	畜禽养殖量(万头)
准保护区	8 900	36.5	29.2	0

表 2-22 寿光城北水厂准保护区内农田基本情况调查表

水源地名称:寿光城北水厂					水源地编码:				
保护区级别	农田面积(hm²)	主要的土壤种类	25°以上耕地面积(hm²)	25°以下耕地面积(hm²)	种植结构				
					种植作物名称	种植面积(hm²)	化肥折纯量[kg/(hm²·年)]		施农药量[kg/(hm²·年)]
							氮	磷	
准保护区	4 969	壤土		4 969	小麦、玉米、蔬菜	4 969	86.5	28.9	3

表 2-23　寿光城北水厂准保护区内城镇径流污染调查表

保护区级别	城镇地形类型	非农业人口（人）	建成区面积（km²）	城镇绿化率（%）	公路密度（km/km²）	降雨量（mm/年）	管网覆盖率（%）
准保护区	平原城镇	1 800	1.5	12.5	1.08	591	62

水源地名称：寿光城北水厂　水源地编码：

表 2-24　寿光城北水厂准保护区内规模化畜禽养殖污染调查表

水源地名称：寿光城北水厂　水源地编码：

保护区级别	规模化畜禽养殖场名称	养殖种类及数量	排水量（t/d）	排污方式
准保护区	董屯村养猪场（刘玉军）	猪 529 头	2.8	排入寿光市中冶华天水务有限公司集中处理
	台柳村养猪场（岳兴江）	猪 1 500 头	7.95	

表 2-26　寿光城北水厂准保护区内固体废物调查表

水源地名称：寿光城北水厂　水源地编码：

保护区级别	固废堆放地坡度	工业固废堆存量(t)	生活垃圾堆存量(t)	堆存面积（km²）	年降水量（mm）
准保护区	—	保护区内无工业企业	无堆存，实行城乡环卫一体化管理，每天清运	—	591

3. 计算结果

根据本次水源地污染源调查结果，计算可得寿光城北水厂水源保护区内城镇、农村生活污染物排放量，城镇、农村农田径流污染物排放量等指标，见表 2-26～表 2-30。

表 2-26　寿光城北水厂准保护区内城镇生活污染物排放量计算表

水源地名称：寿光城北水厂　保护区级别：准保护区

人均综合排水量(t/年)	生活污水平均浓度(mg/L)				生活污染物排放总量(t/年)			
	COD	氨氮	总氮	总磷	COD	氨氮	总氮	总磷
35.44	360	38	67	2.6	22.97	2.42	4.27	0.17

根据表 2-26，保护区内城镇生活污水排放量为 7.97 万 t/年，COD 排放量为 22.97 t/年，氨氮排放量为 2.42 t/年。

表2-27 寿光城北水厂准保护区内农村生活污染物排放量计算表

水源地名称:寿光城北水厂					保护区级别:准保护区			
人均综合排水量(t/年)	生活污水平均浓度(mg/L)				污染物排放总量(t/年)			
	COD	氨氮	总磷	总氮	COD	氨氮	总磷	总氮
29.2	350	35	57	2.2	90.96	9.10	14.81	0.57

表2-28 寿光城北水厂准保护区内城镇径流污染物排放量计算表

水源地名称:寿光城北水厂				保护区级别:准保护区			
城镇情况	城镇面积(km²)	源强系数[t/(km²·年)]		污染物排放量(t/年)			
		COD	氨氮	COD	氨氮	总氮	总磷
标准城市	1.5	50	12	7.5	1.8	—	—

表2-29 寿光城北水厂准保护区内农田径流污染物排放量计算表

水源地名称:寿光城北水厂				保护区级别:准保护区			
农田情况	农田面积(亩)	源强系数[kg/(亩·年)]		污染物排放量(t/年)			
		COD	氨氮	COD	氨氮	总氮	总磷
标准农田	7.350	10	2	73.5	14.7	—	—

表2-30 寿光城北水厂准保护区内畜禽养殖污染物排放量计算表

水源地名称:寿光城北水厂			水源地编码:			
规模化畜禽养殖场名称	养殖量(头)	排放系数(kg/年)	污染物排放量(t/年)			
			COD	氨氮	总磷	总氮
董屯村养猪场(刘玉军)	529	猪粪300	3.46	1.07	0.67	1.80
台柳村养猪场(岳兴江)	1 500	猪尿495	9.8	1.97	1.90	5.10

4. 小结

综上,寿光城北水厂准保护区内污水排放量约为34.36万 t/年,COD 总排放量约为208.99 t/年,氨氮排放总量约为31.06 t/年。其中,生活污水、农业排放的 COD 分别占总量的55%、35%,详见表2-31。寿光城北水厂准保护区内各单位及居民区生产、生活污水均排入寿光市中冶华天水务有限公司,集中处理达标后排放。

(二) 寿光东城水厂水源地污染源调查

1. 调查范围

寿光东城水厂水源地位于寿光市洛城街道办事处,具体位置在羊田路以西洛城街道办事处王家尧水村西北角。本次水源地污染源调查范围是一级保护区(供水厂厂区及以单开采井为中心、半径 50 m 的范围)、保护区(东至永丰路、西至弥河东侧 1 km、南至洛富街、北至北环路的范围),面积约为 8.5 km²。

表 2-31　寿光城北水厂准保护区内污染物排放量汇总表

水源地名称:寿光城北水厂			保护区名称:准保护区	
序号	污水来源	污水排放量 (万 t/年)	污染物排放量(t/年)	
			COD	氨氮
1	工业废水	1.6	0.8	—
2	城镇生活污水	6.38	22.97	2.42
3	农村生活污水	25.99	90.96	9.10
4	城市	—	7.50	1.80
5	农业	—	73.50	14.70
6	畜禽养殖	0.39	13.26	3.04
合计		34.36	208.99	31.06

2. 调查结果

寿光东城水厂水井基本情况如表 2-32 所示。

表 2-32　寿光东城水厂水井基本情况

水井 编号	周边情况	详细地理坐标		水井现状
		经度	纬度	
1	厂区内,无防护栏	118°50′53″	36°52′55″	
2	厂区内,无防护栏	118°50′52″	36°52′48″	
3	厂区内,无防护栏	118°50′54″	36°52′46″	
4	废弃	118°50′49″	36° 52′45″	
5	公路旁绿化带内,东侧紧邻居民区,有防护栏	118°50′36″	36° 53′13″	
6	厂区外,西侧紧邻寒桥社区幼儿园,公路边绿化带内有防护栏	118°50′34″	36° 53′18″	
7	提水站院内,无防护栏	118°50′37″	36° 53′17″	

根据本次水源地污染源调查结果,寿光东城水厂水源地一级保护区内(为供水厂厂区及以单开采井为中心、半径 50 m 的范围)和准保护区内(富水区域)调查结果见表 2-33~表 2-42。

表2-33 寿光东城水厂一级保护区内建筑物排放调查表

水源地名称:寿光东城水厂					保护区级别:一级保护区		
建筑物名称	占地面积（m²）	建成时间（年-月）	建筑物用途	污水排放量（万 t/年）	主要污染物排放量（t/年）		排放去向
					COD	氨氮	
寒桥社区幼儿园	6 000	2008-10	教育	1.8	8.76	0.584	排入寿光东城水务有限公司集中处理

注:幼儿园约400人,根据《全国水环境容量核定指南》:城镇生活污水排放量分布在147.1~255.6 L/(人·d),平均值为187.6 L/(人·d),表中取150 L/(人·d);城镇人均产污系数为COD 60~100 g/(人·d),氨氮4~8 g/(人·d),表中均取低值,一年按照360 d计算。

表2-34 寿光东城水厂一级保护区内城市生活污染源调查表

水源地名称:寿光东城水厂						水源地编码:				
保护区级别	城镇名称	非农业人口数量（万人）	社会综合用水量（万 t/年）	人均综合用水量（t/年）	人均综合排水量（t/年）	生活污水平均浓度（mg/L）				排放去向
						COD	氨氮	总氮	总磷	
一级保护区	洛城街道办事处	0.1	4.43	44.3	35.44	360	38	67	2.6	排入寿光东城水务有限公司

表2-35 寿光东城水厂一级保护区内农田径流污染物排放量计算表

水源地名称:寿光城北水厂				保护区级别:准保护区			
农田情况	农田面积（亩）	源强系数[kg/(亩·年)]		污染物排放量（t/年）			
		COD	氨氮	COD	氨氮	总氮	总磷
标准农田	39	10	2	0.39	0.078	—	—

表 2-36　寿光东城水厂准保护区内工业污染源排放调查表

水源地名称:寿光东城水厂						保护区级别:准保护区		
序号	企业名称	组织机构代码	地址	废水排放量（万 t/年）	主要污染物代码	主要污染物名称	排污量（t/年）	排污方式	企业排污口至入河排污口距离（km）
1	寿光富康制药有限公司	16569608-5	洛城街道办事处	69	011	COD	38.5	东城污水处理厂集中处理后排放	7
2	山东东宝钢管有限公司	77971676-5	洛城街道办事处	1.9	011	COD	1.05		7.7
3	寿光卫东化工有限公司阻燃剂厂	76972050-9	洛城街道办事处	1.51	011	COD	0.78		7.4
4	寿光市神龟食品有限公司	76971656-6	洛城街道办事处	0.6	011	COD	0.26		8.2
5	寿光中慧生物饲料有限公司	78077338-8	洛城街道办事处	0.36	011	COD	0.2		8.6
6	寿光鑫辉木业有限公司	74896149-3	洛城街道办事处	0.1	011	COD	0.05		8.7
7	寿光鑫盛汽车配件有限公司	76004623-9	洛城街道办事处	0.1	011	COD	0.05		9.6
8	山东华麟面业有限公司	72754474-6	洛城街道办事处	1.2	011	COD	0.8		9.4
9	山东益生源微生物技术有限公司	78717913-8	洛城街道办事处	0.1	011	COD	0.05		8.6
10	寿光市汇丰机械有限公司	77318866-6	洛城街道办事处	0.15	011	COD	0.06		7.5
11	寿光市三申科教装备有限公司	76075316-8	洛城街道办事处	0.15	011	COD	0.06		7.2
合计				75.17			41.86		

表 2-37　寿光东城水厂准保护区内城市生活污染源调查表

水源地名称:寿光东城水厂						水源地编码:				
保护区级别	城镇名称	非农业人口数量（万人）	社会综合用水量（万 t/年）	人均综合用水量（t/年）	人均综合排水量（t/年）	生活污水平均浓度（mg/L）				排放去向
						COD	氨氮	总氮	总磷	
准保护区	洛城街道办事处	2 200	9.75	44.3	35.44	360	38	67	2.6	排入寿光东城污水处理厂

表2-38 寿光东城水厂准保护区内农村生活污染源调查表

保护区级别	农业人口数 （人）	人均综合用水量 （t/年）	人均废水排放量 （t/年）	畜禽养殖量 （万头）
水源地名称:寿光东城水厂			水源地编码:	
准保护区	8 700	36.5	29.2	0

表2-39 寿光东城水厂准保护区内农田基本情况调查表

保护区级别	农田面积 （hm²）	主要的土壤种类	25°以上耕地面积 （hm²）	25°以下耕地面积 （hm²）	种植结构				
					种植作物名称	种植面积 （hm²）	化肥折纯量 [kg/（hm²·年）]		施农药量 [kg/（hm²·年）]
							氮	磷	
水源地名称:寿光东城水厂				水源地编码:					
准保护区	380	壤土		380	小麦、玉米、蔬菜	380	86.5	28.9	3

表2-40 寿光东城水厂准保护区内城镇径流污染调查表

保护区级别	城镇地形类型	非农业人口 （人）	建成区面积 （km²）	城镇绿化率 （%）	公路密度 （km/km²）	年降水量 （mm）	管网覆盖率 （%）
水源地名称:寿光东城水厂			水源地编码:				
准保护区	平原城镇	2 200	2.1	17.5	1.02	591	68

表2-41 寿光东城水厂准保护区内固体废弃物污染调查表

保护区级别	固废堆放地坡度	工业固废堆存量(t)	生活垃圾堆存量(t)	堆存面积 （km²）	年降水量 （mm）
水源地名称:寿光东城水厂			水源地编码:		
准保护区		无堆存	无堆存,实行城乡环卫一体化管理,每天清运	—	591

表2-42 寿光东城水厂准保护区内加油站污染调查表

建筑物名称	占地面积 （m²）	数量	建筑物用途	污水排放总量 （万t/年）	主要污染物浓度 （mg/L）			排放去向
					COD	氨氮	石油类	
水源地名称:寿光东城水厂				保护区级别:一级保护区				
加油站	15 000	10	供油	0.8	150	20	45	排入寿光东城水务有限公司集中处理

3. 计算结果

根据本次水源地污染源调查结果,计算可得寿光东城水厂水源保护区内城镇、农村生活污染物排放量,城镇、农村农田径流污染物排放量等指标,见表2-43~表2-47。

表2-43　寿光东城水厂准保护区内城镇生活污染物排放量计算表

水源地名称:寿光东城水厂					保护区级别:准保护区			
人均综合排水量 (t/年)	生活污水平均浓度(mg/L)				生活污染物排放总量(t/年)			
	COD	氨氮	总氮	总磷	COD	氨氮	总氮	总磷
35.44	360	38	67	2.6	28.07	2.96	5.22	0.20

表2-44　寿光东城水厂准保护区内农村生活污染物排放量计算表

水源地名称:寿光东城水厂				保护区级别:准保护区			
生活污水平均浓度(mg/L)				污染物排放总量(t/年)			
COD	氨氮	总磷	总氮	COD	氨氮	总磷	总氮
350	35	57	2.2	0.052	0.013	0.001 4	0.016

表2-45　寿光东城水厂准保护区内城镇径流污染物排放量计算表

水源地名称:寿光城北水厂				保护区级别:准保护区			
城镇情况	城镇面积 (km²)	源强系数 (t/年)		污染物排放量(t/年)			
		COD	氨氮	COD	氨氮	总氮	总磷
标准城市	2.1	50	12	7.5	1.8	—	—

表2-46　寿光东城水厂准保护区内农田径流污染物排放量计算表

水源地名称:寿光城北水厂				保护区级别:准保护区			
农田情况	农田面积 (亩)	源强系数 [kg/(亩·年)]		污染物排放量(t/年)			
		COD	氨氮	COD	氨氮	总氮	总磷
标准农田	9 480	10	2	94.8	18.96	—	—

表2-47　寿光东城水厂准保护区内加油站污染物排放量计算表

水源地名称:寿光东城水厂				保护区级别:一级保护区			
污水排放量 (万t/年)	主要污染物浓度(mg/L)			主要污染物排放量(t/年)			排放去向
	COD	氨氮	石油类	COD	氨氮	石油类	排入寿光东城水务有限公司集中处理
0.8	150	20	45	1.2	0.16	45	

4.小结

综上,寿光东城水厂保护区内各单位及城镇居民生产生活污水均排入寿光东城水务有限公司集中处理,达标后排放。一级保护区内污水产生总量约为 5.34 万 t/年,COD 总排放量约为 21.91 t/年,氨氮排放总量约为 2.012 t/年。准保护区内污水产生总量约为 109.71 万 t/年,其中工业废水量占总废水量的 68.5%;COD 总排放量约为 262.34 t/年,氨氮排放总量约为 32.77 t/年,其中生活污水、农业、工业排放的 COD 分别占到总量的 45%、36%、16%,详见表 2-48。

表 2-48　寿光东城水厂水源地保护区内污染物排放量汇总表

水源地名称:寿光城北水厂		一级保护区			准保护区		
序号	污水来源	污水排放量 (万 t/年)	污染物排放量 (t/年)		污水排放量 (万 t/年)	污染物排放量 (t/年)	
			COD	氨氮		COD	氨氮
1	工业废水	—	—	—	75.17	41.86	—
2	城镇生活污水	3.54	12.76	1.35	7.80	28.07	2.96
3	农村生活污水	—	—	—	25.4	88.91	8.89
4	城市	—	—	—	—	7.5	1.8
5	农业	—	0.39	0.078	—	94.8	18.96
6	其他	1.8	8.76	0.584	0.8	1.2	0.16
合计		5.34	21.91	2.012	109.71	262.34	32.77

(三) 寿光后疃水厂水源地污染源调查

1. 调查范围

寿光后疃水厂水源地位于寿光市田柳镇于家庄村西,现有机井数量 4 眼,规划取水井 10 眼,服务范围为寿光市古城街道办事处、田柳镇、营里镇、台头镇等的部分村。调查范围为供水厂厂区及以单井为圆心、半径 50 m 的范围,面积约 0.078 km²。

2. 调查结果

寿光后疃水厂水井基本情况见表 2-49。

表 2-49　寿光后疃水厂水井基本情况调查表

水井编号	周边情况	详细地理坐标		水井现状
		经度	纬度	
1	厂区内,密封,无防护栏	118°45′34″	36°58′35″	
2	厂区外,农田内,无防护栏	118°45′19″	36°58′28″	
3	厂区外,苗圃内,无防护栏	118°45′16″	36°58′43″	
4	厂区外,农田内,无防护栏	118°45′38″	36°58′34″	

根据本次水源地污染源调查结果,寿光后疃水厂水源地一级保护区(供水厂厂区及以单井为圆心、半径 50 m 的范围,面积约 0.085 km²)为农业耕地,无居民居住,无规模化

及分散式养殖场,无工业污染源及违章建筑等点污染源,调查结果见表2-50。

表2-50　寿光后疃水厂水源地农田基本情况调查表

水源地名称:寿光后疃水厂				水源地编码:				
保护区级别	农田面积 (hm²)	主要的土壤种类	25°以上耕地面积 (hm²)	25°以下耕地面积 (hm²)	种植结构			
					种植作物名称	种植面积 (hm²)	化肥折纯量 [kg/(hm²·年)]	施农药量 [kg/(hm²·年)]
							氮　　磷	
一级保护区	8.5	壤土		8.5	小麦、蔬菜、树苗等	8.5	86.5　　28.9	3

3.计算结果

根据污染源调查结果,计算可得寿光后疃水厂水源保护区内农田径流污染物排放量等指标,见2-51。

表2-51　寿光后疃水厂农田径流污染物排放量计算表

水源地名称:寿光后疃水厂			保护区级别:一级保护区			
农田情况	农田面积 (亩)	源强系数 [kg/(亩·年)]	污染物排放量(t/年)			
			COD	氨氮	总氮	总磷
标准农田	127.5	COD　　氨氮 10　　　2	1.275	0.255	—	—

4.小结

综上,寿光后疃水厂水源地一级保护区内主要存在农业面源污染,污染物排放量为COD年径流排放量约为1.275 t,氨氮年径流排放总量约为0.255 t。

(四)寿光田马水厂水源地污染源调查

1.调查范围

寿光田马水厂水源地位于寿光市稻田镇南夏村北,一号路南,现有机井数量8眼,规划取水井8眼,水井深度320 m,服务范围为稻田镇部分村庄。调查范围为供水厂厂区及以单井为圆心,半径50 m的范围,面积约0.067 km²。

2.调查结果

寿光田马水厂水井基本情况见表2-52。

根据本次水源地污染源调查结果,寿光田马水厂水源地一级保护区(供水厂厂区及以单井为圆心、半径50 m的范围,面积约0.067 km²)为农业耕地,无居民居住,无规模化及分散式养殖场,无工业污染源及违章建筑等点污染源,调查结果见表2-53。

表 2-52　寿光田马水厂水井基本情况调查表

水井编号	周边情况	详细地理坐标		水井现状
		经度	纬度	
1	农田低洼处,水泥盖,无防护栏	118°53′15″	36°47′02″	
2	农田内,水泥盖,简易厕所,无防护栏	118°53′33″	36°46′52″	
3	农田旁,水泥盖,无防护栏	118°53′57″	36°46′36″	
4	麦田内,水泥盖,无防护栏	118°53′45″	36°46′36″	
5	麦田内,水泥盖,无防护栏	118°53′36″	36°46′37″	
6	麦田内,水泥盖,无防护栏	118°53′15″	36°46′48″	
7	麦田内,水泥盖,无防护栏	118°53′26″	36°46′48″	
8	荒地,周围麦田,水泥盖	118°53′41″	36°46′52″	

表 2-53　寿光田马水厂水源地农田基本情况调查表

水源地名称:寿光田马水厂水源地				水源地编码:				
保护区级别	农田面积(hm²)	主要的土壤种类	25°以上耕地面积(hm²)	25°以下耕地面积(hm²)	种植结构			
					种植作物名称	种植面积(hm²)	化肥折纯量[kg/(hm²·年)]	施农药量[kg/(hm²·年)]
							氮 / 磷	
一级保护区	6.7	壤土		6.7	小麦、玉米、蔬菜等	6.7	86.5 / 28.9	3

3. 计算结果

根据污染源调查结果,计算可得寿光田马水厂水源保护区内农田径流污染物排放量等指标,见表 2-54。

表 2-54　寿光田马水厂水源地农田径流污染物排放量计算表

水源地名称:寿光后疃水厂水源地				保护区级别:一级保护区			
农田情况	农田面积（亩）	源强系数[kg/(亩·年)]		污染物排放量(t/年)			
				COD	氨氮	总氮	总磷
标准农田	100.5	COD	氨氮	1.005	0.201	—	—
		10	2				

4. 小结

综上,寿光田马水厂水源地一级保护区内主要存在农业面源污染,COD 年径流排放总量约为 1.005 t,氨氮年径流排放总量约为 0.201 t。

(五)寿光化龙水厂水源地污染源调查

1. 调查范围

寿光化龙水厂水源地位于寿光市化龙镇苏社村北、张屯村南,现有机井数量 4 眼,规划取水井 4 眼,服务范围为化龙镇 50 个村。调查范围为供水厂厂区及以单井为圆心,半径 50 m 的范围,面积约 0.034 km²。

2. 调查结果

寿光化龙水厂水井基本情况见表 2-55。

表 2-55　寿光化龙水厂水井基本情况调查表

水井编号	周边情况	详细地理坐标		水井现状
		经度	纬度	
1	厂区院内,水泥、铸铁盖密封,无防护栏	118°53′15″	36°47′02″	
2	麦田内,铸铁盖密封,无防护栏	118°53′33″	36°46′52″	
3	坟地旁,水泥拼板盖,无防护栏	118°53′57″	36°46′36″	
4	麦田,小屋内,无线控制水井出水开、关	118°53′45″	36°46′36″	

根据本次水源地污染源调查结果,寿光化龙水厂水源地一级保护区(供水厂厂区及以单井为圆心、半径 50 m 的范围,面积约 0.034 km²)为农业耕地,无居民居住,无规模化及分散式养殖场,无工业污染源及违章建筑等点污染源,调查结果见表 2-56。

表 2-56　寿光化龙水厂水源地农田基本情况调查表

水源地名称:寿光田马水厂水源地					水源地编码:				
保护区级别	农田面积（hm²）	主要的土壤种类	25°以上耕地面积（hm²）	25°以下耕地面积（hm²）	种植结构				
					种植作物名称	种植面积（hm²）	化肥折纯量［kg/(hm²·年)］		施农药量［kg/(hm²·年)］
							氮	磷	
一级保护区	3.4	壤土		3.4	粮食、蔬菜等	3.4	86.5	28.9	3

3. 计算结果

根据污染源调查结果,计算寿光化龙水厂水源保护区内农田径流污染物排放量等指标,见表 2-57。

表 2-57　寿光化龙水厂水源地农田径流污染物排放量计算表

水源地名称:寿光化龙水厂水源地			保护区级别:一级保护区			
农田情况	农田面积（亩）	源强系数［kg/(亩·年)］		污染物排放量(t/年)		
				COD	氨氮	总氮	总磷
标准农田	51	COD	氨氮	0.51	0.102	—	—
		10	2				

4. 小结

综上,寿光化龙水厂水源地一级保护区内主要存在农业面源污染,COD 年径流排放总量约为 0.51 t,氨氮年径流排放总量约为 0.102 t。

（六）寿光古城水厂水源地污染源调查

1. 调查范围

寿光古城水厂水源地位于寿光市古城街道久安官村以东 900 m 十字路口西北角,水厂共有 7 眼水井,现有 2 眼水井正常供水,其余 5 眼水井作为备用水井。服务范围为营里镇、羊口镇部分村庄及渤海化工园工业用水。调查范围为供水厂厂区及以单井为圆心、半径 50 m 的范围,面积约 0.059 km²。

2. 调查结果

寿光古城水厂水井基本情况见表 2-58。

根据本次水源地污染源调查结果,寿光古城水厂水源地一级保护区（供水厂厂区及以单井为圆心、半径 50 m 的范围,面积约 0.059 km²）为农业耕地,无居民居住,无规模化及分散式养殖场,无工业污染源及违章建筑等点污染源,调查结果见表 2-59。

表 2-58　寿光古城水厂水井基本情况调查表

水井编号	周边情况	详细地理坐标		水井现状
		经度	纬度	
1	厂区后院内,前院小食品加工车间,水井水源裸露,在用	118°42′46.08″	36°56′45.82″	
2	居民村内,小屋内,备用	118°42′27.67″	36°57′08.45″	
3	居民村外围,小屋内,备用	118°42′48.03″	36°57′05.08″	
4	小型水厂院内,水泥盖,备用	118°43′06.84″	36°56′55.62″	
5	竹栅栏院内,水泥盖,在用	118°42′36.02″	36°56′55.22″	
6	小型水厂院内,院内种蔬菜大棚,水泥盖,备用	118°42′50.11″	36°56′40.32″	
7	农田小屋内,备用	118°42′23.48″	36°56′45.58″	

表 2-59　寿光古城水厂水源地农田基本情况调查表

水源地名称:寿光古城水厂水源地					水源地编码:				
保护区级别	农田面积(hm²)	主要的土壤种类	25°以上耕地面积(hm²)	25°以下耕地面积(hm²)	种植结构				
					种植作物名称	种植面积(hm²)	化肥折纯量[kg/(hm²·年)]		施农药量[kg/(hm²·年)]
							氮	磷	
一级保护区	5.9	壤土		5.9	粮食、蔬菜等	5.9	86.5	28.9	3

3. 计算结果

根据污染源调查结果,计算寿光古城水厂水源保护区内农田径流污染物排放量等指标,见表 2-60。

表 2-60　寿光古城水厂水源地农田径流污染物排放量计算表

水源地名称:寿光古城水厂水源地				保护区级别:一级保护区			
农田情况	农田面积(亩)	源强系数[kg/(亩·年)]		污染物排放量(t/年)			
				COD	氨氮	总氮	总磷
标准农田	88.5	COD	氨氮	0.885	0.177	—	—
		10	2				

4. 小结

综上,寿光古城水厂水源地一级保护区内主要存在农业面源污染,COD 年径流排放总量约为 0.885 t,氨氮年径流排放总量约为 0.177 t。

(七)污染负荷预测

根据《寿光市城市总体规划(2011—2030 年)》,寿光城北水厂水源地周围规划主要建设公园绿地、防护绿地,生态环境将进一步改善,保护区污染负荷必将进一步改善;寿光东城水厂水源地周围主要为居住用地和东城工业园。随着城市的发展,保护区内人口及工业企业将会有一定程度的增长,保护区内生活污水和工业废水排放量也将相应增加;寿光市后疃水厂、田马水厂、化龙水厂、古城水厂、纪台水厂、上口水厂六处农村集中式饮用水源地均位于基本农田范围内,随着生态建设的进行和国家政策的落实,科学合理地施用化肥、农药,不得施用高毒或高残留农药,不得施用含磷浓度高的农药,农田化肥、农药的施用量将大大降低,农业面源污染物的产生量将进一步得到有效控制。

(八)污染源调查分析结论

由以上调查分析可知,寿光市各水源地的主要污染物均为 COD、氨氮。寿光城北水厂主要污染来源是生活污水及农业面源污染;寿光东城水厂水源地保护区内工业企业废水排放量占废水排放总量的 68.5%,而污染物来源主要是生活污水及农业面源污染;寿光后疃水厂、寿光田马水厂、寿光化龙水厂、寿光古城水厂饮用水源地保护区内基本无点源污染,影响水源地安全的主要污染源为少量面源污染,主要污染物是化学需氧量、氨氮。由污染负荷预测分析可知,寿光东城水厂水源地保护区内水污染负荷会进一步增加,而且其东侧东城工业园的工业企业带来的污染往往会带有特征污染物,势必对保护区内生态环境造成不良影响。因此,必须结合实际特征污染物,提出相应的污染控制措施,保证污染物控制在水源地环境容量以内,以消除饮用水源地的安全隐患。

六、集中式地下水供水水源地

根据《寿光市饮用水源地环境保护专项规划》,寿光市规划建设 8 处饮用水源地,其中 2 处市集中式饮用水源地,分别为寿光市自来水公司三水厂、寿光城北水厂;6 处农村集中式饮用水源地已经建成,在用的为寿光东城水厂、寿光后疃水厂、寿光田马水厂、寿光化龙水厂、寿光古城水厂,计划建设的为寿光双王城水库水厂。寿光市自来水公司三水厂计划搬迁,搬迁地址未确定;计划建设的寿光双王城水库水厂因水库正在建设,还不能确定水厂位置和保护区范围;寿光市一甲水厂因水源水质问题,已不再建设。规划供水范围改由寿光纪台水厂和寿光市自来水公司三水厂承担。故本次需考虑水厂包括:寿光城北水厂、寿光东城水厂、寿光后疃水厂、寿光田马水厂、寿光化龙水厂、寿光古城水厂,各水厂水源地服务范围见图 2-7。

自来水公司三水厂位于寿光市南环路与正阳路交叉路口西南角,中心地理坐标为东

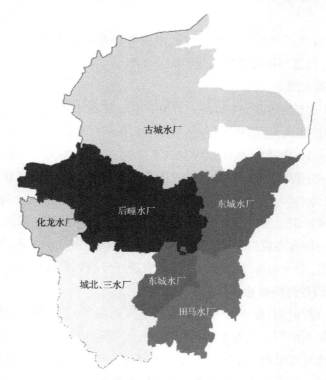

图 2-7　寿光各水厂水源地服务范围

经 118°44′58″,北纬 36°50′58″。现有机井数量 11 眼,机井深度 82 m,水位高度最近三年稳定在 30 m 左右,可开采量为 4 万 m³/d,该水厂现允许实际开采量为 3.5 万 m³/d,主要供给寿光市城区生活用水,服务人口约为 16 万人。水源地规模为中小型孔隙承压水型水源地,地下水水质均优于地下水Ⅲ类水标准,水质类别为Ⅲ类水,符合生活饮用水卫生标准要求。该水厂拟搬迁,搬迁地址未确定。

　　城北水厂水源地位于寿光市渤海路与寿济路交叉口东南角,中心地理坐标为东经 118°44′16″,北纬 36°54′48″。现有机井数量 11 眼,规划取水井 15 眼,机井深度 170 m,水位高度在 40 m 左右,允许开采量为 3 万 m³/d,实际开采量为 2.5 万 m³/d;主要服务寿光市城区、古城街道办事处原北洛镇区及文家街道办事处的生活用水,服务人口约为 12 万人。水源地规模为中小型孔隙水承压水水源地,水质均优于地下水Ⅲ类水质标准。

　　寿光市东城水厂水源地位于寿光市羊田路以西洛城街道办事处王家尧水村西北角,中心地理坐标为东经 118°50′53″,北纬 36°52′55″。现作为城市备用饮用水源地,建有机井数量 7 眼,机井深度约 80 m,水位高度近三年稳定在 20 m 左右,允许开采量为 2.5 万 m³/d,实际开采量为 0.6 万 m³/d。主要供给寿光市洛城街道办事处和侯镇的生活用水,服务人口可达 8 万人。水源地规模为中小型孔隙水承压水水源地。该水厂供水管道与城区供水管道连通,有阀门控制,正常情况下不向城区供水,根据该水厂允许开采量,应急状态下可作为城区的备用水源,能够有效地保障城区供水安全。

寿光后瞳水厂水源地位于寿光市田柳镇于家庄村西,中心地理坐标为东经118°45′22″,北纬36°58′35″。设计日供水能力2万t,目前实际日供水0.15万t,现有机井数量3眼,规划取水井10眼,水井深度390 m。服务范围为寿光市古城街道办事处、田柳镇、营里镇、台头镇等部分村。水源地规模为中小型孔隙承压水水源地,水质经山东省水环境监测中心潍坊分中心检测,符合《生活饮用水卫生标准》(GB 5749—2006)要求。本次保护区按规划的10眼取水井划定。

寿光田马水厂水源地位于寿光市稻田镇南夏村北,一号路南,中心地理坐标为东经118°53′33″,北纬36°46′49″。设计日供水能力5 000 t,目前实际日供水量2 000 t,现有机井数量7眼,规划取水井8眼,水井深度320 m。服务范围为稻田镇部分村庄。水源地规模为中小型孔隙承压水水源地,属于中小型孔隙水承压水水源地,水质经山东省水环境监测中心潍坊分中心检测,符合《生活饮用水卫生标准》(GB 5749—2006)要求。

寿光化龙水厂水源地位于寿光市化龙镇苏社村北、张屯村南,中心地理坐标为东经118°36′30″,北纬36°57′45″。设计日供水能力4 000 t,目前实际日供水量400 t,现有机井数量4眼,水井深度300 m,规划取水井4眼。服务范围为化龙镇50个村。水源地规模为中小型孔隙承压水水源地,水质经山东省水环境监测中心潍坊分中心检测,符合《生活饮用水卫生标准》(GB 5749—2006)要求。

寿光古城水厂水源地位于寿光市古城街道办事处久安官村村头,中心地理坐标为东经118°41′54″,北纬36°56′44″。现有机井数量7眼,规划取水井7眼,设计日供水能力10 000 t,目前实际日供水量5 000 t,服务人口约2万人,服务范围为营里镇、羊口镇部分村庄及渤海化工园工业用水。水源地规模为中小型孔隙承压水水源地,拟划定一级保护区为供水厂厂区及以单开采井为圆心、半径30 m的范围,不设二级保护区。水质经山东省水环境监测中心潍坊分中心检测,符合《生活饮用水卫生标准》(GB 5749—2006)要求。寿光市各水源地供水基本情况统计见表2-61。

根据表2-61统计,后瞳水厂、田马水厂、化龙水厂、古城水厂服务范围虽比较广泛,但服务区内很多农村居民并未接入集中供水管网,实际总用水量远低于饮用水集中供水水源地设计供水能力。

表2-61　寿光市各水源地供水情况一览表

名称	水井深度（m）	水井数量		位置		服务人口（万人）	供水能力（t/d）		供水范围	备注
		现有	规划	经度（E）	纬度（N）		实际	设计		
三水厂	82	11	11	118°44′58″	36°50′58″	16	35 000	40 000	寿光城区	待搬迁
城北水厂	170	11	20	118°44′16″	36°54′48″	12	25 000	30 000	城区、古城街道办事处及原北洛镇区及文家街道办事处	在用
东城水厂	110	7	7	118°50′53″	36°52′55″	8	6 000	25 000	洛城街道办事处和侯镇的生活用水	在用，规划为备用水源地
后疃水厂	390	10	10	118°45′22″	36°58′35″	5	1 500	20 000	古城街道办事处、田柳镇、营里镇、台头镇等部分村	在用水井3眼
田马水厂	270~280	9	11	118°53′33″	36°46′49″	9.4	2 000	5 000	辖区内部分村庄	在用水井7眼
化龙水厂	300	4	4	118°36′30″	36°57′45″	5.3	400	4 000	化龙镇50个村	在用水井4眼
古城水厂	260	7	7	118°41′54″	36°56′44″	7	5 000	10 000	营里镇、羊口镇部分村庄及渤海化工园工业用水	在用水井2眼，其他备用
上口水厂	300	6	6	118°52′21″	36°57′58″	2	400	4 000	上口镇65个村	在用水井2眼，其他备用
纪台水厂	300	0	10	118°44′28″	36°57′58″	0	0	10 000	纪台全部孙家集城区及规划范围以外村庄	2013年完工
合计		65	86			64.7	75 300	148 000		

第六节 饮用水源地安全状况评价

一、水质安全状况评价

寿光市饮用水源地主要是地下水,其水质评价标准采用《地下水质量标准》(GB/T 14848—93)。饮用水源一级保护区和准保护区以Ⅲ类地下水标准值为限值,以此得出水质是否达标、主要不达标污染指标、超标倍数等。

(一)评价因子

地下水水质指标分为一般化学指标、毒理学指标、细菌学指标和放射性指标。

一般化学指标:色(度)、嗅和味、浑浊(度)、肉眼可见物、pH、总硬度(以 $CaCO_3$ 计)、溶解性总固体、硫酸盐、氯化物、铁、锰、铜、锌、挥发性酚类(以苯酚计)、阴离子合成洗涤剂、高锰酸盐指数、氨氮(NH_3-N)。

毒理学指标:硝酸盐、亚硝酸盐、氟化物、碘化物、氰化物、汞、砷、硒、镉、铬(六价)、铅、铍、钡、镍、钼、钴、滴滴涕、六六六和其他有毒有机物。

细菌学指标:总大肠菌群(个/L)、细菌总数(个/L)。

放射性指标:总 α 放射性(Bq/L)、总 β 放射性(Bq/L)。

(二)评价方法

地下水水源地水质评价采用单因子指数法,具体计算公式为

$$I = \frac{C_i}{C_{oi}} \tag{2-5}$$

式中:I 为污染指数;C_i 为污染因子 i 的实测浓度值,mg/L;C_{oi} 为污染因子 i 的标准值,mg/L。

对于 pH,其污染指数按下式计算:

$$pH_z = \frac{7.0 - pH_i}{7.0 - pH_{sd}} \qquad (pH_z \leqslant 7)$$

$$pH_z = \frac{pH_i - 7.0}{pH_{su} - 7.0} \qquad (pH_z \geqslant 7)$$

式中:pH_z 为 i 点的 pH 标准指数;pH_i 为 i 点的 pH 实测值;pH_{sd} 为地表水质量标准中规定的 pH 值下限;pH_{su} 为地表水质量标准中规定的 pH 上限。

(三)评价标准

采用《地下水质量标准》(GB/T14848—93)标准值进行评价。根据地下水质量分类指标(见表 2-62),对寿光饮用水源地主要监测点的水质分别进行评价。

(四)评价结果

1. 水质监测结果

山东省水环境监测中心潍坊分中心对寿光三水厂、城北水厂、东城水厂、后瞳水厂、田马水厂、化龙水厂和古城水厂的水质进行了检测。根据本地区主要水质问题以及现有的监测条件,选取的监测项目见表 2-63。

表 2-62　地下水质量分类指标　　　　　　　　（单位:mg/L）

序号	项目	Ⅰ类	Ⅱ类	Ⅲ类	Ⅳ类	Ⅴ类
1	总硬度(以 $CaCO_3$ 计)	≤150	≤300	≤450	≤550	>550
2	溶解性总固体	≤300	≤500	≤1 000	≤2 000	>2 000
3	硫酸盐	≤50	≤150	≤250	≤350	>350
4	氯化物	≤50	≤150	≤250	≤350	>350
5	铁(Fe)	≤0.1	≤0.2	≤0.3	≤1.5	>1.5
6	锰(Mn)	≤0.05	≤0.05	≤0.1	≤1.0	>1.0
7	铜(Cu)	≤0.01	≤0.05	≤1.0	≤1.5	>1.5
8	锌(Zn)	≤0.05	≤0.5	≤1.0	≤5.0	>5.0
9	钼(Mo)	≤0.001	≤0.01	≤0.1	≤0.5	>0.5
10	挥发性酚(以苯酚计)	≤0.001	≤0.001	≤0.002	≤0.01	>0.01
11	硝酸盐(以 N 计)	≤2.0	≤5.0	≤20	≤30	>30
12	亚硝酸盐(以 N 计)	≤0.001	≤0.01	≤0.02	≤0.1	>0.1
13	氨氮(NH_3-N)	≤0.02	≤0.02	≤0.2	≤0.5	>0.5
14	氟化物	≤1.0	≤1.0	≤1.0	≤2.0	>2.0
15	碘化物	≤0.1	≤0.1	≤0.2	≤1.0	>1.0
16	氰化物	≤0.001	≤0.01	≤0.05	≤0.1	>0.1
17	汞(Hg)	≤0.000 05	≤0.000 5	≤0.001	≤0.001	>0.001
18	砷(As)	≤0.005	≤0.01	≤0.05	≤0.05	>0.05
19	硒(Se)	≤0.01	≤0.01	≤0.01	≤0.1	>0.1
20	镉(Cd)	≤0.001	≤0.005	≤0.005	≤0.005	>0.01
21	铬(Cr^{6+})	≤0.005	≤0.01	≤0.05	≤0.1	>0.1
22	铅(Pb)	≤0.005	≤0.01	≤0.05	≤0.1	>0.1
23	pH	6.5~8.5			5.5~6.5 8.5~9.0	<5.5 >9.0
24	总大肠菌群(个/L)	≤3.0	≤3.0	≤3.0	≤100	>100
25	细菌总数(个/mL)	≤100	≤100	≤100	≤1 000	>1 000

注:以集中式生活饮用水水质不应低于地下水Ⅲ类标准。

2. 水质评价结论

经评价,寿光三水厂、城北水厂、东城水厂、后疃水厂、田马水厂、化龙水厂和古城水厂的水质监测项目均无超标现象,水质状况优良,均能达到《生活饮用水水源水质标准》(CJ 3020—93)和《地下水质量标准》(GB/T 14848—93)Ⅲ类标准要求。

表2-63　寿光市地下水饮用水水质检测结果

（单位：mg/L）

水源地名称		三水厂		城北水厂		东城水厂		后瞳水厂		田马水厂		化龙水厂		古城水厂	
监测年份		2011	2012	2011	2012	2011	2012	2011	2012	2011	2012	2011	2012	2011	2012
一般化学指标	pH	7.37	7.56	7.80	7.43	7.32	7.60	8.46	8.42	8.42	8.49	8.27	8.31	8.33	8.36
	色度	<5	<5	<5	<5	<5	<5	<5	<5	<5	<5	<5	<5	<5	<5
	浑浊度	<1	<1	<1	<1	<1	<1	<1	<1	<1	<1	<1	<1	<1	<1
	肉眼可见物	无	无	无	无	无	无	无	无	无	无	无	无	无	无
	嗅和味	无	无	无	无	无	无	无	无	无	无	无	无	无	无
	高锰酸盐指数	0.9	0.36	0.8	0.32	0.9	0.44	0.8	0.8	0.9	0.8	0.8	0.8	0.8	0.8
	氨氮	<0.02	<0.02	<0.02	<0.02	<0.05	<0.02	<0.05	0.05	<0.05	0.05	<0.05	0.05	<0.05	0.05
	溶解性总固体	473	622	318	496	549	662	312	336	362	442	359	401	411	397
	阴离子表面活性剂	<0.1	<0.1	<0.1	<0.1	<0.1	<0.1	<0.1	<0.1	<0.1	<0.1	<0.1	<0.1	<0.1	<0.1
	挥发酚类	<0.002	<0.002	<0.002	<0.002	<0.002	<0.002	<0.002	<0.002	<0.002	<0.002	<0.002	<0.002	<0.002	<0.002
	总硬度	391	362	259	358	407	358	276	291	69	69.4	106	127	206	217
	氯化物	100	104.8	22.5	69.67	78.9	97.36	55.7	49.8	83.1	111	76.9	81.4	68.5	59.8
	硫酸盐	66.6	67.16	15.2	16.24	71.9	76.65	9.66	9.29	47.5	50.9	10.6	11.5	13.8	14.2
	铁	<0.03	<0.03	<0.03	<0.03	<0.03	<0.03	<0.03	<0.03	<0.03	<0.03	<0.03	<0.03	<0.03	<0.03
	锰	<0.01	<0.01	<0.01	<0.01	<0.01	<0.01	<0.01	<0.01	<0.01	<0.01	<0.01	<0.01	<0.01	<0.01
	铜	<0.01	<0.01	<0.01	<0.01	<0.01	<0.01	<0.01	<0.01	<0.01	<0.01	<0.01	<0.01	<0.01	<0.01
	锌	<0.05	<0.05	<0.05	<0.05	<0.05	<0.05	<0.05	<0.05	<0.05	<0.05	<0.05	<0.05	<0.05	<0.05

续表 2-63

水源地名称	三水厂		城北水厂		东城水厂		后疃水厂		田马水厂		化龙水厂		古城水厂	
监测年份	2011	2012	2011	2012	2011	2012	2011	2012	2011	2012	2011	2012	2011	2012
硝酸盐	6.97	16.01	0.9	10.04	9.89	10.07	8.1	5.3	2.0	1.0	2.6	3.2	4.1	3.5
亚硝酸盐	未检出	—	<0.001	—	<0.001	—	0.004	<0.001	0.123	0.015	0.003	0.002	0.004	0.004
氰化物	0.56	0.59	0.31	0.57	0.2	0.65	0.1	0.1	0.4	0.4	0.1	0.1	0.2	0.2
氟化物	<0.002	<0.002	<0.002	<0.002	<0.002	<0.002	<0.002	<0.002	<0.002	<0.002	<0.002	<0.002	<0.002	<0.002
毒理学指标 汞	<0.000 1	<0.000 1	<0.000 1	<0.000 1	<0.000 1	<0.000 1	<0.000 1	<0.000 1	<0.000 1	<0.000 1	<0.000 1	<0.000 1	<0.000 1	<0.000 1
毒理学指标 砷	<0.001	<0.001	<0.001	<0.001	<0.001	<0.001	<0.001	<0.001	<0.001	<0.001	<0.001	<0.001	<0.001	<0.001
毒理学指标 硒	<0.000 25	<0.000 25	<0.000 25	<0.000 25	<0.000 25	<0.000 25	<0.000 25	<0.000 25	<0.000 25	<0.000 25	<0.000 25	<0.000 25	<0.000 25	<0.000 2
毒理学指标 镉	<0.001	<0.001	<0.001	<0.001	<0.001	<0.001	<0.001	<0.001	<0.001	<0.001	<0.001	<0.001	<0.001	<0.001
毒理学指标 铬（六价）	<0.004	<0.004	<0.004	<0.004	<0.004	<0.004	<0.004	<0.004	<0.004	<0.004	<0.004	<0.004	<0.004	<0.004
毒理学指标 铅	<0.000 1	<0.000 2	<0.000 2	<0.000 2	<0.000 2	<0.000 2	<0.001	<0.001	<0.001	<0.001	<0.001	<0.001	<0.001	<0.001
毒理学指标 钡	0.11	0.181	<0.006 18	0.211	<0.006 18	0.214								
毒理学指标 镍	<0.002 48	<0.005	<0.002 48	<0.005	<0.002 48	<0.005	<0.005	<0.005	<0.005	<0.005	<0.005	<0.005	<0.005	<0.005
毒理学指标 六六六	<0.01	<0.000 04	<0.000 01	<0.000 04	<0.000 01	<0.000 04	<0.000 04	<0.000 04	<0.000 04	<0.000 04	<0.000 04	<0.000 04	<0.000 04	<0.000 04
毒理学指标 滴滴涕	<0.02	<0.000 04	<0.000 04	<0.000 04	<0.000 04	<0.000 04	<0.000 04	<0.000 04	<0.000 04	<0.000 04	<0.000 04	<0.000 04	<0.000 04	<0.000 04
放射性指标	未检出	未检出	未检出	未检出	未检出	未检出	未检出	未检出	未检出	未检出	未检出	未检出	未检出	未检出
总大肠菌群	<2	未检出	<2	未检出	<2	未检出	<2	<2	<2	<2	<2	<2	<2	<2
细菌总数	19~25	未检出	15~21	未检出	18~23	未检出	未检出	未检出	未检出	未检出	未检出	未检出	未检出	未检出

二、水源地保护情况

(一)水源地保护现状

目前,寿光市对城北水厂水源地和东城水厂水源地进行了保护区划分,分别设置了一级保护区和准保护区,其中:寿光城北水厂水源地的一级保护区对于井群区(井间距离<140 m),按边界距最近井间距为 70 m 的多边形范围,保护区面积 0.4 km²;准保护区为富水区域,范围为东至银海路,西至菜都路,南至文圣街,北至北环路北侧 2 km 的范围,面积约为 12 km²。寿光东城水厂水源地的一级保护区为供水厂厂区及以单开采井为中心,半径 50 m 范围,对于井群(井间距离<100 m),按矩形或多边形,边界距最近井间距为 50 m 范围,面积 0.072 km²;准保护区为富水区域,东至永丰路,西至弥河东侧 1 km,南至洛富街,北至北环路的范围,面积 8.5 km²。

后来,寿光市对后疃水厂水源地、田马水厂水源地、化龙水厂水源地和古城水厂水源地等 4 个农村集中供水水源地也进行了补充划分,重点划分了一级保护区。

(二)水源地安全存在问题

1. 水源地取水井多且分散

寿光市各水源地取水井较多、较分散,一方面影响保护区范围的确定。如果严格按照《饮用水水源保护区划分技术规范》(HJ/T 338—2007)孔隙水潜水型水源地保护区范围经验值和群井的水源保护区范围划分,一方面保护区面积太大,一些村落、民房等建筑都被列入违章建筑;另一方面不利于水源地的集中管理和安全保护,给安全保障造成一定的威胁。

2. 水源地周边有一定污染排放

根据调查,寿光市各水源地的主要污染物均为 COD、氨氮。城北水厂水源地主要污染来源是生活污水及农业面源污染;东城水厂水源地保护区内工业企业废水排放量占废水排放总量的 68.5%,而污染物来源主要是生活污水及农业面源污染;寿光后疃水厂、田马水厂、化龙水厂、古城水厂饮用水源地保护区内基本无点源污染,影响水源地安全的主要污染源为少量面源污染,主要污染物是化学需氧量、氨氮。根据区域发展规划,东城水厂水源地保护区内水污染负荷会进一步增加,而且其东侧东城工业园的工业企业带来的污染往往会带有特征污染物,势必对保护区内生态环境造成不良影响。

第三章　河道水污染防治

第一节　污染物入河量控制

一、水功能区纳污能力分析

(一)水功能区纳污能力定义

水体的纳污能力,是指在水域使用功能不受破坏的条件下受纳污染物的最大数量,即在一定设计水量条件下,满足水功能区水环境质量标准要求的污染物最大允许负荷量。其大小与水功能区范围的大小、水环境要素的特性和水体净化能力、污染物的理化性质等有关。最大允许负荷量的计算是污染物排放总量控制的依据。

(二)计算范围与内容

1. 计算范围

本次纳污能力计算主要针对一级区划开发利用区中的二级区进行,对寿光市境内弥河、丹河、桂河及主要支流的 4 个水功能区均做出计算。

2. 计算指标

根据寿光市地表水水质现状和水污染的特点,结合山东省水资源保护的要求,纳污能力计算控制指标确定为化学需氧量(COD)、氨氮(NH_3-N)、总磷(TP)、总氮(TN)。

(三)计算设计条件

1. 初始断面背景浓度

(1)源头水水质:根据历史资料的分析,得河流的源头水 COD 约为 5 mg/L、NH_3-N 约为 0.15 mg/L、TP 约为 0.02 mg/L、TN 约为 0.2 mg/L。因此,若计算单元为源头段,其背景浓度则采用源头水水质。

(2)计算单元来水水质:计算单元非源头段的背景浓度的确定,根据水功能区划分和污染控制原则,上一个功能区不论接纳多少污染物质,在进入下一个功能区时,其水质必须达到该功能区的水质目标的要求。依据这一原则,如果纳污能力计算单元非源头段时,其背景浓度一般采用上一个功能区的水质目标。个别河流中,由于上下游之间或不同行政区间水资源开发利用程度不同,水体功能的差别导致水质控制目标相差较大,这种情况下,某些计算单元的背景浓度在其功能区水质目标允许变化范围内,结合实际情况做适当调整。

2. 水质控制目标浓度

计算单元的下断面浓度一般采用该计算单元的水质目标。但排污控制区本身没有水质控制目标,其下断面浓度(C_S)确定原则如下:

(1)排污控制区下接过渡区,则排污控制区的下断面浓度(C_S)是根据过渡区的下断面浓度应用浓度演算模型反推得到的。

（2）排污控制区下接除过渡区外的其他水功能二级区时，它的下断面浓度（C_S）即为下一个功能区的水质目标。

2020年、2030年境内弥河、丹河、桂河各水功能区水质均应达到目标水质Ⅴ类水。各功能区不同水平年COD、NH_3-N、TP、TN的目标浓度值取值标准见表3-1。

表3-1 各功能区不同水平年水质目标控制因子指标目标值 （单位：mg/L）

项目指标	Ⅴ类水
COD	40
NH_3-N	2
TP	0.4
TN	2

3. 设计水文条件

1）设计流量 Q

水功能区纳污能力计算的水文设计条件，以计算断面的设计流量为设计水量，不同保证率的设计水量条件下，功能区的纳污能力是不同的，具体到每个纳污能力值都是对应一定保证率的设计水量。现状条件下，南方地区一般采用最近十年最枯月平均流量（水量）或90%保证率最枯月平均流量（水量）作为设计流量（水量）；北方地区可根据实际情况适当调整设计保证率，也可选取平偏枯典型年的枯水期流量作为设计流量。不同的功能区也应考虑采用不同的保证率，如集中式饮用水水源区可以适当提高设计保证率。

寿光市境内河流大部分属于季节性河流，如果采用平偏枯典型年的枯水期流量作为设计流量，有近半数的功能区设计流量为零，因此考虑到寿光市的实际情况，对于有水文资料的河段，选取1997～2011年共15年的水文资料系列，取75%典型年非汛期平均流量作为本次的设计流量，详见表3-2。

表3-2 谭家坊站设计75%保证率月平均流量汇总 （单位：m³/s）

月份	谭家坊水文站	月份	谭家坊水文站
1	5.070 00	7	0
2	2.760 00	8	5.941 67
3	1.580 00	9	0.000 46
4	0.148 00	10	0.000 57
5	0.714 00	11	5.390 00
6	0.001 00	12	0.000 40

无水文资料的河段，距水文站较近则直接借用邻近水文站的设计流量，不能借用的河段采用水文比拟法求得，根据流域面积相近断面的已知流量，可按下式换算：

$$Q_1 = \left(\frac{F_1}{F_2}\right)^n Q_2 \qquad (3-1)$$

式中：Q_1 为相邻断面的流量；F_1 为相邻断面的流域面积；Q_2 为本断面的流量；F_2 为本断面的流域面积；n 为校正系数。

2）流速 u

对应设计流量下的计算单元的设计流速，采用以下经验公式和设计流量来确定。

$$u = aQ^b \qquad (3-2)$$

式中：u 为断面平均流速，m/s；Q 为流量值，m³/s；a、b 为待定系数。

待定系数 a、b 的率定，是通过将式（3-2）取对数，可得线性回归式：

$$\ln u = \ln a + b \ln Q \qquad (3-3)$$

对 $\ln u$ 和 $\ln Q$ 采用近期不少于 50 次的断面实测流量成果资料，进行最小二乘法线性回归分析，进而得到待定系数 a、b 的值。对于没有实测流速资料的河段，借用附近区域的流量流速关系分析设计流速。

实际运用中，选取弥河谭家坊水文站测流断面作为研究断面，选取近年来 70 余次测流结果，分析流量和断面平均流速的相关关系，经计算，效果良好，满足适用精度，具体分析结果见表 3-3。

表 3-3　水文站代表断面 $\ln u$—$\ln Q$ 相关分析成果

水文站名称	流量次数	a	b	相关系数	采用情况
谭家坊	70	0.152 7	0.309 2	0.856 9	采用

（四）计算模型及其模型参数估算

1. 纳污能力计算模式

为了客观地描述水体自净或污染物降解过程，较准确地计算出河段的纳污能力，可采用一定的数学模型来描述此过程。水质数学模型是描述河流水体中污染物变化的数学表达式，模型的建立可以为河流中污染物的排放与河流水质提供定量关系。水质模型建立的基础是物质守恒定律和化学反应动力学原理：

$$\frac{\mathrm{d}c}{\mathrm{d}t} = -KC \qquad (3-4)$$

纳污能力计算的数学模型主要有零维模型、一维模型、二维模型、三维模型，通常采用的是一维模型和二维模型。

一维模型主要适用于宽深比较小、污染物在较短的河段内基本混合均匀，且污染物浓度在断面横向变化不大；或者是计算河段较长，横向和垂向的污染物浓度梯度可以忽略的河段。

根据模型的适用条件，结合河流实际情况，山东省水功能区的纳污能力计算均采用一维模型。

1）浓度演算模型

对于宽深比不大的中小河流，污染物质在较短的河段内，基本能在断面内均匀混合，断面污染物浓度横向变化不大时,可采用以下一维水质模型计算功能区的纳污能力。

$$C = C_0\exp\left(-K\frac{X}{86.4u}\right) \tag{3-5}$$

式中:C_0 为上游断面污染的浓度,mg/L;K 为污染物综合自净系数,L/d;X 为功能区长度,km;u 为功能区内平均流速,m/s;C 为下游断面污染物浓度,mg/L。

2)纳污能力计算模型

对于一个纳污能力计算区段而言,其入河排污口分布千差万别,为简化因排污口分布所带来的纳污能力计算的复杂性,对排污口在功能区上的分布加以概化,将计算河段内的多个排污口概化为一个集中的排污口,概化排污口位于计算河段中点处,相当于一个集中点源,该集中点源的实际自净长度为计算河段长的一半。根据采用的一维水质模型和排污口的概化情况,功能区纳污能力的计算采用式(3-6)。

$$W = 31.536\left(C_\mathrm{s}e^{K\frac{L}{86.4\times2\times u}} - C_0e^{-K\frac{L}{86.4\times2\times u}}\right) \times Q \tag{3-6}$$

式中:W 为计算单元的纳污能力,t/年;K 为污染物综合降解系数,L/d;C_0 为计算单元上断面污染物浓度,mg/L;C_s 为计算单元水质目标值,mg/L;L 为功能区长度,km;Q 为计算单元上断面的设计流量,m³/s;u 为计算单元设计流量下的设计流速,m/s。

该模型在不考虑污染物进入水体后的混合过程的前提下,考虑现有排污口的实际状况,如位置、水量等对纳污能力计算的影响,并在具体计算时对排污口的位置进行概化。该模型反映了计算单元在确定的水质目标和设计流量的条件下,河段所具有的最大纳污能力,比较适用于我国北方天然径流较小的河流。

2. 模型参数估值

污染物综合降解系数反映了污染物在水体中降解的速率,尤其在径流量较小的河流,它是决定河流水体纳污能力大小的最重要因素之一。许多科学试验和研究资料表明,综合降解系数不但与河流的水文条件,如流量、水温、流速、水深、泥沙含量等因素有关,而且与水体的污染程度关系密切。该系数常用实测资料率定或水团追踪法求取,也可用已有研究资料经类比分析确定。

污染物综合降解系数 K 值的实测资料率定常用二断面法,计算公式为

$$K = 86.4u\ln\left(\frac{C_1}{C_2}\right)/\Delta X \tag{3-7}$$

式中:C_1 为河段上断面污染物浓度,mg/L;C_2 为河段下断面污染物浓度,mg/L;u 为河段平均流速,m/s;ΔX 为上、下断面的间距,m;K 为污染物综合降解系数,d^{-1}。

本书中由于区域开展水环境监测研究的时间较短,资料来源受到限制,河道水体受外界干扰因素较多,采用实测资料反推或水团追踪法求取难度很大,且精度难以保证,因此没有做相应的分析,根据相似区域选取的原则借用相关研究成果。寿光市境内各河流河段的降解系数 K 的取值范围一般是:COD 0.15~0.6 d^{-1};NH$_3$-N 0.05~0.4 d^{-1};TP 0.01~0.020 d^{-1};TN 0.04~0.10 d^{-1}。本次 COD 的 K 值取 0.3 d^{-1},NH$_3$-N 的 K 值取 0.2 d^{-1},TP 的 K 值取 0.02 d^{-1},TN 的 K 值取 0.07d^{-1}。

(五)纳污能力成果分析

根据水功能区纳污能力设计条件计算得出,潍坊市水功能区 COD、NH$_3$-N、TP、TN

的纳污能力分别为 4 523.47 t/年、274.71 t/年、150.27 t/年、753.61 t/年。其中,弥河潍坊农业用水区 COD、NH_3-N、TP、TN 的纳污能力分别为 1 642.00 t/年、81.22 t/年、46.32 t/年、221.62 t/年,弥河寿光农业用水区 COD、NH_3-N、TP、TN 的纳污能力分别为 563.09 t/年、54.95 t/年、27.52 t/年、151.22 t/年;丹河潍坊农业用水区 COD、NH_3-N、TP、TN 的纳污能力分别为 1 826.93 t/年、88.94 t/年、51.82 t/年、243.27 t/年;桂河潍坊农业用水区 COD、NH_3-N、TP、TN 的纳污能力分别为 491.45 t/年、49.60 t/年、24.61 t/年、137.50 t/年。详见表3-4。

表3-4　潍坊市水功能区纳污能力计算成果　　　　（单位:t/年）

水功能二级区	纳污能力			
	COD	NH_3-N	TP	TN
弥河潍坊农业用水区	1 642.00	81.22	46.32	221.62
弥河寿光农业用水区	563.09	54.95	27.52	151.22
丹河潍坊农业用水区	1 826.93	88.94	51.82	243.27
桂河潍坊农业用水区	491.45	49.60	24.61	137.50
合计	4 523.47	274.71	150.27	753.61

各水功能区纳污能力主要取决于该功能区的长度、地表水资源量、功能区水质目标等因素。

(六)水功能区污染物承载状态分析

水功能区点源入河量和纳污能力对比分析结果(详见表3-5)表明,4 个水功能区 COD 负荷均未超载;NH_3-N 超载的水功能区有 4 个,点源超载负荷比例为 100%,超载的水功能区纳污能力为 274.71 t,现状入河量为 405.62 t;TP 超载的水功能区有 3 个,点源超载负荷比例为 75%,超载的水功能区纳污能力为 125.66 t,现状入河量为 175.87 t;TN 超载的水功能区有 4 个,点源超载负荷比例为 100%,超载的水功能区纳污能力为 150.27 t,现状入河量为 196.68 t。

表3-5　现状水平年各水功能区污染物承载状态分析结果　　（单位:t/年）

水功能二级区	2010 年点源入河量				点源负荷超载量			
	COD	NH_3-N	TP	TN	COD	NH_3-N	TP	TN
弥河潍坊农业用水区	1 039.68	135.78	68.74	389.82	0	54.56	22.42	168.2
弥河寿光农业用水区	360.35	56.58	28.46	220.52	0	1.63	0.94	69.3
丹河潍坊农业用水区	1 152.33	161.49	78.67	393.53	0	72.55	26.85	150.26
桂河潍坊农业用水区	314.94	51.77	20.81	192.91	0	2.17	0	55.41
合计	2 867.3	405.62	196.68	1 196.78	0	130.91	50.21	443.17

通过对功能区污染物承载的分析,反映出寿光市地表水体的纳污能力与污染物入河量存在着严重的差异。这使得寿光市地表水本身有限的纳污能力没有得到有效利用,从而加剧了水环境状况的恶化,加大了污染物削减的压力。

二、水功能区达标分析

本次结合《全国重要江河湖泊水功能区纳污能力核定和分阶段限制排污总量控制方案》编制工作的要求,根据水功能区分布情况以及水体功能属性、现状达标率、污染程度等,复核本市各水平年(2020年、2030年)水功能区达标目标。水功能区水质达标率应严格按照水利部与山东省水利厅协调确定的水功能区达标率目标执行,本市目标高于省厅要求的,采用本次成果。

按照最严格的水资源管理制度要求,为实现全省重要水功能区水质达标率考核控制目标,山东省水利厅制定了全省17市重要水功能区水质达标率控制目标分解方案(详见《山东省加快实施最严格水资源管理制度试点中期评估技术考核报告》),规划到2030年,潍坊市4个水功能区全部实现水质达标,详见表3-6。

表3-6　寿光市重要水功能区水质达标分解明细

水功能区名称		目标水质	2012年水质		达标分解		
一级区	二级区		双指标	全指标	2015年	2020年	2030年
弥河潍坊开发利用区	弥河潍坊农业用水区	V	不达标	不达标			达标
	弥河寿光农业用水区	V	达标	达标	达标	达标	达标
丹河潍坊开发利用区	丹河潍坊农业用水区	V	不达标	不达标			达标
桂河潍坊开发利用区	桂河潍坊农业用水区	V	不达标	不达标			达标

为保证规划水平年水功能区达标目标逐步提高,根据经济发展水平和污染治理需求,参考寿光市现状水功能区污染物承载状态分析成果及山东省水利厅制定的水功能区水质达标率控制目标分解方案,综合确定寿光市各水平年水功能区水质达标目标,详见表3-7、表3-8。

表3-7　寿光市水功能区达标目标成果统计表

县区级行政区	水功能区	2020年达标目标		2030年达标目标	
	总数量(个)	达标个数	达标率(%)	达标个数	达标率(%)
寿光市	4	4	100	4	100

表3-8　寿光市水功能区达标目标分解表

水功能区		2020年达标状况	2030年达标状况
一级	二级		
弥河潍坊开发利用区	弥河潍坊农业用水区	达标	达标
	弥河寿光农业用水区	达标	达标
丹河潍坊开发利用区	丹河潍坊农业用水区	达标	达标
白浪河潍坊开发利用区	桂河潍坊农业用水区	达标	达标

三、污染源排放量及入河量预测

(一)污染源排放量的预测

污染源排放量预测,需要综合考虑各水平年生产、生活、生态等需水量的变化,工业结构调整对污染物排放量的影响,工业企业达标排放政策的深化对污染物排放量的影响;废水治理投资增加对污染物排放量的影响;污水处理厂建设对污染物排放量的影响;中水回用工程的实施对污水浓度和排放量的影响;生活水平提高对污水浓度的影响等。

1. 污水排放量预测

1)生活污水排放量预测方法

生活污水排放量的预测常采用的方法有两种,即基于人均综合排水量的预测和基于规划水平年生活需水量的预测。

(1)基于人均综合排水量的预测。

基于人均综合排水量的预测可按照式(3-8):

$$W_t = 0.365 \times AF \tag{3-8}$$

式中:W_t 为规划水平年生活污水量;A 为规划水平年人口;F 为规划水平年人均生活污水排放量。

(2)基于规划水平年需水量的预测。

根据规划水平年生活需水量预测指标推算排水量,本次规划生活污水排放量的预测采用的表达式如下:

$$W_t = Q_t \times C_t \tag{3-9}$$

式中:W_t 为规划水平年生活污水排放量;Q_t 为规划水平年生活需水量,该需水量包括城镇居民生活需水量和第三产业需水量;C_t 为规划水平年排水系数。

2)工业污水排放量预测方法

(1)基于规划基准年工业排水量数据的预测。

已知规划基准年工业污水排放量,可采用以下公式:

$$W_t = W_0 (1 + r_w)^t \tag{3-10}$$

式中,预测工业污水排放量的关键是确定 r_w,需在城镇连续多年的工业污水排放量数据基础上,按照统计回归方法求出 r_w;如果资料不太充分,可结合经验判断方法估计。

需要指出的是,r_w 会随着工业结构调整、生产工艺改造、节水工作的深入而变化,因此该方法仅适用于短时间内的预测,且在预测中需要考虑这种变化。

(2)基于规划水平年 GDP 增长的预测。

以规划水平年工业 GDP 预测值为基础,采用以下公式:

$$W_t = G_t \times k_t \tag{3-11}$$

式中:W_t 为规划目标年工业污水排放量;G_t 为规划目标年工业 GDP 预测值;k_t 为万元GDP 排水量。

根据近年来工业万元 GDP 排水量变化情况分析以及工业节水目标确定 k_t 的上下限。其上限不能超过现状值。在 k_t 的上下限范围内,选择代表性数据,计算出规划水平年工业污水排放量。

（3）基于规划水平年工业需水量变化的预测。

需水量和排水量之间存在密切的相关关系，根据规划水平年需水量预测指标，推算排水量，本次规划采用该方法来预测水资源三级区套地级行政区的工业污水污排放量，实际上是工业污水的产生量，方法表达式如下：

$$W_t = Q_t \times C_t \tag{3-12}$$

式中：W_t 为规划目标年工业污水排放量；Q_t 为规划目标年工业用水量，该需水量包括一般工业需水量和扣除火核电工业的冷却用水量后的高用水工业需水量；C_t 为规划目标年排水系数，该系数以现状年工业排水系数为基础，综合考虑工业结构调整、设备改造升级、节水措施的深化等情况，目前认为规划水平年的工业排水系数较现状年排水系数具有逐渐减少的趋势。

2.污染物排放量的预测

本次进行预测的主要污染物是 COD、NH_3-N、TP 和 TN。

1）工业污染物的排放量预测

工业污染物的排放量预测需要确定污水排放量和污染物排放浓度。工业污水排放量通过基于规划年需水量变化的污水预测方法得到，工业污染物的排放浓度分别按达标排放和未达标排放两种情况确定。

（1）达标排放浓度：工业污染物达标排放浓度根据水功能区所在区域的不同，分别参照《污水综合排放标准》（GB 8978—1996）、《山东省南水北调沿线水污染物综合排放标准》（DB 37/599—2006）、《山东省小清河流域水污染物综合排放标准》（DB 37/656—2006）、《山东省半岛流域水污染物综合排放标准》（DB 37/676—2007）等进行预测。排入水质目标为Ⅲ类以上水功能区的采用一级标准排放浓度，水质目标为Ⅳ类或劣于Ⅳ类的水功能区采用二级标准排放浓度。

（2）未达标排放浓度：未经达标处理部分工业污水排放浓度参照现状工业污水排放浓度确定。

2）生活污染物的排放量预测

生活污染物的排放量预测同样需确定污水排放量和污染物排放浓度，生活污水排放量通过基于规划年需水量变化的污水预测方法得到，生活污水污染物浓度参考不同时期污水处理厂进水浓度预测。

（二）废污水及其污染物排放量预测成果分析

1.废污水排放量分析

本节所指的废污水排放量是指从工业、生活及综合排污口直接排出，但还没有进入污水集中处理厂的水量。

寿光市 2010 年工业污水排放量为 2 432 万 m^3，生活污水排放量为 864 万 m^3；全市 2020 年工业污水排放量为 3 435 万 m^3，生活污水排放量为 2 197 万 m^3；全市 2030 年工业污水排放量为 5 157 万 m^3，生活污水排放量为 2 529 万 m^3。从全市的废污水排放预测成果来看，随着经济社会发展、人口增长和居民生活水平提高，从 2010～2030 年工业污水排放量和生活废污水量呈逐年上升的趋势。全市各水平年排污量预测成果见表 3-9。

表 3-9　寿光市规划水平年污水排放量预测　　　（单位:万 m³/年）

行政区	水平年	污水排放量	
		工业	生活
寿光市	2 010	2 432	864
	2 020	3 435	2 197
	2 030	5 157	2 529

2. 污染物排放量分析

本节所预测的主要污染物（COD、NH_3-N）排放量是指从工业、生活及综合排污口直接排出的污染物，还没有进污水集中处理厂，但工业排放量是经过源内处理后的排放量。

潍坊市 2010 年工业污水 COD 排放量为 5 897.42 t，生活污水 COD 排放量为 2 419.91 t；工业污水 NH_3-N 排放量为 662.45 t，生活污水 NH_3-N 排放量为 238.93 t；工业污水 TP 排放量为 377.78 t，生活污水 TP 排放量为 136.26 t；工业污水 TN 排放量为 1 907.56 t，生活污水 TN 排放量为 751.94 t。

潍坊市 2020 年工业污水 COD 排放量为 6 964.59 t，生活污水 COD 排放量为 5 272.71 t；工业污水 NH_3-N 排放量为 876.50 t，生活污水 NH_3-N 排放量为 488.63 t；工业污水 TP 排放量为 439.01 t，生活污水 TP 排放量为 244.74 t；工业污水 TN 排放量为 2 412.12 t，生活污水 TN 排放量为 1 344.72 t。

潍坊市 2030 年预计工业污水 COD 排放量为 8 416.80 t，生活污水 COD 排放量为 5 057.85 t；工业污水 NH_3-N 排放量为 1 229.85 t，生活污水 NH_3-N 排放量为 501.77 t；工业污水 TP 排放量为 716.51 t，生活污水 TP 排放量为 292.33 t；工业污水 TN 排放量为 3 363.89 t，生活污水 TN 排放量为 1 372.44 t。

潍坊市主要污染物排污量成果见表 3-10。

表 3-10　潍坊市各水平年主要污染物排放预测表　　　（单位:t/年）

行政区	水平年	COD 排放量		NH_3-N 排放量		TP 排放量		TN 排放量	
		工业	生活	工业	生活	工业	生活	工业	生活
寿光市	2010	5 897.42	2 419.91	662.45	238.93	377.78	136.26	1 907.56	751.94
	2020	6 964.59	5 272.71	876.50	488.63	439.01	244.74	2 412.12	1 344.72
	2030	8 416.80	5 057.85	1 229.85	501.77	716.51	292.33	3 363.89	1 372.44

（三）废污水及其污染物入河量预测

1. 废污水入河量预测

废污水入河量分配的主要依据是现状水功能区对应的陆域范围内排污量占全市排污总量的权重。

水功能区陆域排放量分两种渠道进入水体，一种是进入污水集中处理厂，这部分污水经处理后，扣除中水回用部分，剩下部分排入水体；另一种是未经污水处理厂处理直接排入水体。污水入河量的计算公式为

$$Q_入 = Q_排 \times \eta_处 \times (1 - \eta_回) \times \lambda_1 + Q_排 \times (1 - \eta_处) \times \lambda_2 \qquad (3-13)$$

式中：$Q_入$ 为水功能区入河污水量；$Q_排$ 为水功能区陆域污水排放量；$\eta_处$ 为污水集中处理率；$\eta_回$ 为中水回用率；λ_1、λ_2 为污水入河系数。

2. 污染物入河量预测

污染物入河量分两部分预测，一部分是经污水处理厂处理的污水入河所携带污染物，这部分污染物入河量是通过将处理后的污水量扣除中水回用部分的水量再乘以达标排放浓度和入河系数得到。另一部分是未经处理的污水所携带污染物入河量，这部分量是将水功能区陆域污染物排放量中扣除进入污水处理厂的部分再乘以入河系数得到。污染物入河量的计算公式表示如下：

$$W_入 = Q_排 \times \eta_处 \times (1 - \eta_回) \times C_达 \times \lambda_1 + W_排 \times (1 - \eta_处) \times \lambda_2 \qquad (3\text{-}14)$$

式中：$W_入$ 为水功能区污染物入河量；$Q_排$ 为水功能区陆域污水排放量；$C_达$ 为污水处理厂达标排放浓度，按受纳水体的功能要求分别执行《山东省南水北调沿线水污染物综合排放标准》（DB 37/599—2006）、《城镇污水处理厂污染物排放标准》（GB 18918—2002）、《污水综合排放标准》（GB 8978—1996）、《山东省小清河流域水污染物综合排放标准（DB 37/656—2006）》中对应的污染物排放浓度；$W_排$ 为水功能区陆域污染物排放量；$\eta_处$ 为污水集中处理率；$\eta_回$ 为中水回用率；λ_1、λ_2 为污染物入河系数。

（四）废污水及其污染物入河量成果分析

1. 废污水入河量分析

本节所预测的废污水入河量是指从工业、生活及综合排污口直接排出的废污水经过污水集中处理、中水回用及传输损耗等环节后，最终进入地表水体的污水量。

寿光市 2010 年入河废污水量为 2 068.83 万 m^3，2020 年入河废污水量为 3 229.25 万 m^3，2030 年入河废污水量预计为 3 821.08 万 m^3。全市现状及规划水平年预测废污水入河量成果见表 3-11。

表 3-11　寿光市各水平年废污水入河量计算成果　　　（单位：万 m^3/年）

行政区	水平年	入河废污水量
寿光市	2010	2 068.83
	2020	3 229.25
	2030	3 821.08

2. 主要污染物入河量分析

本节所预测的主要污染物（COD、$NH_3\text{-}N$、TP、TN）入河量是指从工业、生活及综合排污口直接排出的废污水经过污水集中处理、中水回用及传输损耗等环节后，最终进入地表水体的污染物量。

寿光市 2010 年 COD 入河量为 2 068.83 t，$NH_3\text{-}N$ 入河量为 2 867.29 t，TP 入河量为 405.62 t，TN 入河量为 231.32 t；2020 年 COD 入河量为 3 229.25 t，$NH_3\text{-}N$ 入河量为 3 858.46 t，TP 入河量为 631.37 t，TN 入河量为 316.23 t；2030 年 COD 入河量为 3 821.08 t，$NH_3\text{-}N$ 入河量为 3 652.88 t，TP 入河量为 734.88 t，TN 入河量为 428.14 t。寿光市各水平年预测污染物入河量见表 3-12。

表 3-12　寿光市各水平年污染物入河量预测表　　　　　（单位：t/年）

行政区	水平年	COD 入河量	NH₃-N 入河量	TP 入河量	TN 入河量
寿光市	2010	2 068.83	2 867.29	405.62	231.32
	2020	3 229.25	3 858.46	631.37	316.23
	2030	3 821.08	3 652.88	734.88	428.14

四、污染物入河量控制

（一）污染物控制量拟定的原则

污染物控制量包括入河控制量和排放控制量。污染物总量控制是从水资源保护的角度出发，根据社会、经济对水资源的需求将水体划分为相应的功能区，然后根据河段的水文特征、入河排污口分布、水功能区水质目标、国家的有关方针政策、技术经济的可行性，提出入河污染物某一时段允许入河量，入河控制量既可能是阶段控制目标，也可能是水功能区保护的终极目标。作为阶段目标时，兼顾了当时当地技术经济的可行性。

污染物控制量拟定的总原则是以保障城乡居民饮水安全和人体健康为重点，改善保护区和饮用水源区的水质，改善或维持保留区和缓冲区的水质。

对于排污系统，以现状年排污口的分布和排污量为基础，原则上除属于排污口优化设置而使现状排污口分布发生变化外，不准再新设排污口，不新增功能区的污染物入河量。从水资源保护角度来讲，以这样的原则确定的入河控制量是偏安全的。

寿光市四个水功能区均为开发利用区，主要是为满足农业生产用水需求而划定的水域，该水域的水质以能满足生产用水需要为原则，污染物入河控制量取水功能区的纳污能力。

（二）污染物入河控制量拟定的具体要求

1. 2020 年污染物入河控制量

（1）若入河量小于纳污能力，则入河量作为其入河控制量。

（2）水系干流主要功能区，应该在 2020 年达到水质目标。

（3）其他污染比较严重的水功能区，可根据实际情况削减，但应保证 2030 年达到功能区水质目标。

2. 2030 年入河控制量

（1）若入河控制量小于纳污能力，则入河控制量作为其入河控制量。

（2）若入河控制量大于或等于纳污能力，则入河控制量等于其纳污能力。

（三）污染物入河控制量

根据污染物入河控制量拟定原则，2020 年寿光市 COD、NH₃-N、TP、TN 入河控制量分别为 3 858.46 t、631.37 t、273.50 t、1502.74 t；2030 年寿光市 COD、NH₃-N、TP、TN 入河控制量分别为 3 652.88 t、734.88 t、428.14 t、2010.06 t。寿光市各水功能区主要污染物入河控制量见表 3-13。

表3-13　寿光市水功能区限制排污总量控制成果

（单位：t/年）

水功能区 一级	二级	水平年	COD 入河控制量	COD 纳污能力	COD 限制排污总量	NH₃-N 入河控制量	NH₃-N 纳污能力	NH₃-N 限制排污总量	TP 入河控制量	TP 纳污能力	TP 限制排污总量	TN 入河控制量	TN 纳污能力	TN 限制排污总量
弥河潍坊开发利用区	弥河潍坊农业用水区	2020	1 399.08	1 642.00	1 399.08	211.35	81.22	81.22	95.59	46.32	46.32	489.48	221.62	221.62
		2030	1 324.53	1 642.00	1 324.53	246.00	81.22	81.22	149.65	46.32	46.32	654.73	221.62	221.62
	弥河寿光农业用水区	2020	484.91	563.09	484.91	88.07	54.95	54.95	39.57	27.52	27.52	276.90	151.22	151.22
		2030	459.08	563.09	459.08	102.51	54.95	54.95	61.95	27.52	27.52	370.37	151.22	151.22
丹河潍坊开发利用区	丹河潍坊农业用水区	2020	1 550.67	1 826.93	1 550.67	251.37	88.94	88.94	109.40	51.82	51.82	494.14	243.27	243.27
		2030	1 468.05	1 826.93	1 468.05	292.58	88.94	88.94	171.26	51.82	51.82	660.95	243.27	243.27
白浪河潍坊开发利用区	桂河潍坊农业用水区	2020	423.80	491.45	423.80	80.58	49.60	49.60	28.93	24.61	24.61	242.22	137.50	137.50
		2030	401.22	491.45	401.22	93.79	49.60	49.60	45.29	24.61	24.61	324.00	137.50	137.50
合计		2020	3 858.46	4 523.47	3 858.46	631.37	274.71	274.71	273.50	150.27	150.27	1 502.74	753.61	753.61
		2030	3 652.88	4 523.47	3 652.88	734.88	274.71	274.71	428.14	150.27	150.27	2 010.06	753.61	753.61

第二节　入河排污口布局与整治

在寿光市入河排污口调查评价的基础上,结合寿光市经济、产业布局及城镇布局,确定入河排污口禁止区、限制区的位置及范围。以入河排污口优化布局为基础,对入河排污口整治进行统一布局,按照回用优先、集中处理、搬迁归并、调整入河方式等分类进行入河排污口整治。

一、入河排污口设置原则与限制条件

(一)禁止设置入河排污口水域的划定

根据中华人民共和国水利部第 22 号令《入河排污口监督管理办法》、山东省水功能区划、山东省水域纳污能力及限制排污总量控制等有关要求,禁止设置入河排污口的水域包括但不仅限于:

(1)在饮用水水源保护区内设置入河排污口的;

(2)在省级以上人民政府要求削减排污总量的水域设置入河排污口的;

(3)入河排污口设置可能使水域水质达不到水功能区要求的;

(4)入河排污口设置直接影响合法取水户用水安全的;

(5)入河排污口设置不符合防洪要求的;

(6)不符合法律、法规和国家产业政策规定的;

(7)其他不符合国务院水行政主管部门规定条件的。

(二)限制设置入河排污口水域的划定

除禁止设置入河排污口的水域外,其他水域均为限制设置入河排污口水域。对于与禁止设置入河排污口水域联系比较密切的一级支流及部分二级支流,应严格限制排污行为;一些当前没有向城镇供水任务,但是从长远考虑仍具有保护意义的湖泊、水库等水域,以及省界缓冲区等也应严格限制对其的排污行为;上述水域划为严格限制设置入河排污口水域。对于其他水域,应根据排污控制总量要求,对排污行为进行一般控制,划为一般限制设置入河排污口水域。

严格限制设置入河排污口水域:对于污染物入河量已经削减到纳污能力范围内或者现状污染物入河量小于纳污能力的水域,原则上可在不新增污染物入河量的控制目标前提下,采取"以新带老、削老增新"等手段,严格限制设置新的入河排污口。在现状污染物入河量未削减到水域纳污能力范围内之前,该水域原则上不得新建、扩建入河排污口。

一般限制设置入河排污口水域:对于污染物入河量已经削减到纳污能力范围内或者现状污染物入河量小于纳污能力的水域,原则上可在水体纳污能力容许的条件下,采取"以新带老、削老增新"等手段,有度地限制设置新的入河排污口。在现状污染物入河量未削减到水域纳污能力范围之前,该水域原则上不得新建、扩建入河排污口。

二、入河排污口布局

在寿光市入河排污口调查评价的基础上,根据入河排污口设置的原则与限制条件,结合寿光市经济、产业布局及城镇布局,确定入河排污口禁止区、限制区的位置及范围。

(一)入河排污口禁止区位置及范围

根据《中华人民共和国水法》、山东省水功能区划、山东省水域纳污能力及限制排污总量控制等的有关要求,寿光市禁止设置入河排污的位置和范围主要包括饮用水源地保护区、双王城水库保护区及其输水干线、供水水源地及其输水干线等。

1. 饮用水水源保护区

寿光市规划建设八处饮用水源地,其中两处城市集中式饮用水源地,分别为寿光市自来水公司三水厂、寿光城北水厂水源地;六处农村集中式饮用水源地已经建成在用,分别为寿光东城水厂、后疃水厂、田马水厂、化龙水厂、古城水厂等水源地,计划建设的为寿光双王城水库水厂水源地,寿光市自来水公司三水厂计划搬迁,搬迁地址未确定,所以暂不划定保护区;计划建设的寿光双王城水库水厂因水库正在建设,还不能确定水厂位置和保护区范围。因此,禁止设置入河排污口的饮用水源地一级保护区、二级保护区及准保护区范围内具体如下。

1)寿光城北水厂水源地

一级保护区:对于井群区(井间距离<140 m),按边界距最近井间距为70 m的多边形范围,保护区面积0.4 km^2。

准保护区:为富水区域,范围为东至银海路,西至菜都路,南至文圣街,北至北环路北侧2 km的范围,面积约为12 km^2。

2)寿光东城水厂水源地

一级保护区:为供水厂厂区及以单开采井为中心、半径50 m的范围,对于井群(井间距离<100 m),按矩形或多边形、边界距最近井间距50 m的范围,面积0.072 km^2。

准保护区:为富水区域,东至永丰路,西至弥河东侧1 km,南至洛富街,北至北环路的范围,面积8.5 km^2。

3)寿光后疃水厂水源地

一级保护区为供水厂厂区及以单井为圆心、半径50 m的范围,保护区面积0.085 km^2,无二级保护区、准保护区。

4)寿光田马水厂水源地

一级保护区:为供水厂厂区及以单井为圆心、半径50 m的范围,保护区面积0.067 km^2,无二级保护区、准保护区。

5)寿光化龙水厂水源地

一级保护区:为供水厂厂区及以单井为圆心、半径50 m的范围,保护区面积0.03 km^2。无二级保护区、准保护区。

6)寿光古城水厂水源地

一级保护区:为供水厂厂区及以单井为圆心、半径50 m的范围,保护区面积0.059 km^2。无二级保护区、准保护区。

2. 双王城水库及其输水干线

双王城水库位于寿光市羊口镇寇家坞村北1.5 km,双王城水库作为国家南水北调东线第一期工程胶东输水干线工程的调蓄水库,为中型平原水库。双王城水库一级保护区为取水口侧正常水位线以上陆域半径200 m的陆域,二级保护区范围为正常水位线以下(一级保护区以外)的区域。因此,在双王城水库保护区及其输水干线均不能设置入河排污口。

3. 供水水源地及其输水干线

寿光市近期加快清水湖水库和龙泽水库的配套建设,远期规划新建一座平原区水库新港水库。因此,在清水湖水库、龙泽水库及新港水库保护区及其输水干线均不能设置排水口。

(二)入河排污口限制区位置及范围

除禁止设置入河排污口的水域外,其他水域均为限制设置入河排污口水域,分为严格限制设置入河排污口的水域和一般限制设置入河排污口的水域。

1. 严格限制设置入河排污口的水域

寿光市划入山东省水功能区划的水域共有4处,分别为弥河潍坊开发利用区弥河潍坊农业用水区和弥河寿光农业用水区、丹河潍坊开发利用区丹河潍坊农业用水区、白浪河潍坊开发利用区桂河潍坊农业用水区。经计算,现状年4个水功能区入河污染总量均有指标超过水功能区限纳污指标,因此2010~2020年,4个水功能区水域均不得新建、扩建入河排污口。2020年寿光市水功能区全部达标,因此2020~2030年,原则上可在水体纳污能力容许的条件下,采取"以新带老、削老增新"等手段,有度地限制设置新的入河排污口。

2. 一般限制设置入河排污口的水域

除上述入河排污口禁止区和严格限制设置区外,其他水域划为一般限制设置区入河排污口的水域,在一般限制设置区,对于污染物入河量已经削减到纳污能力范围内或者现状污染物入河量小于纳污能力的水域,原则上可在水体纳污能力容许的条件下,采取"以新带老、削老增新"等手段,有度地限制设置新的入河排污口。在现状污染物入河量未削减到水域纳污能力范围内之前,该水域原则上不得新建、扩建入河排污口。

三、入河排污口综合整治措施

入河排污口的综合整治措施主要包括生态净化工程、排污口合并与调整工程及污水处理回用工程。

(一)生态净化工程

排污口生态净化工程是针对经处理达到相应排放标准的废污水,或合流制截流式排水系统的排水,为进一步改善其水质、满足水功能区水质要求而采取的各种生态工程措施,包括生态沟渠、稳定塘、跌水复氧、人工湿地等。

1. 生态沟渠

生态沟渠是指具有一定宽度和深度,由水、土壤和生物组成,具有自身独特结构并发挥相应生态功能的农田沟渠生态系统,也称为农田沟渠湿地生态系统。生态沟渠能够通过截留泥沙、土壤吸附、植物吸收、生物降解等一系列作用,减少水土流失,降低进入地表水中氮、磷的含量。

生态拦截型沟渠系统主要由工程部分和生物部分组成,工程部分主要包括渠体及生态拦截坝、节制闸等,生物部分主要包括渠底、渠两侧的植物。两侧沟壁和沟底可以选择由蜂窝状水泥板等组成,两侧沟壁具有一定坡度,沟体较深,沟体内相隔一定距离构建小坝减缓水速、延长水力停留时间,使流水携带的颗粒物质和养分等得以沉淀和去除。

　　生态沟渠通常采用梯形断面、复式断面和植生型防渗砌块技术,系统主要由工程部分和植物部分组成,其两侧沟壁一般采用蜂窝状水泥板(也可直接采用泥土沟壁),两侧沟壁具有一定坡度,沟体较深,沟体内相隔一定距离构建小坝,减缓水速,延长水力停留时间,使流水携带的颗粒物质和养分等得以沉淀和去除。不同等高的生态沟渠之间通过节制闸连接。农田排水口与生态沟渠排水口距离应在 50 m 以上。生态沟渠维护管理应符合(SL/T 246—1999)的要求。

　　生态沟渠具有以下特点:

　　(1)由工程和植物两部分组成的生态拦截型沟渠系统,能减缓水速,促进流水携带的颗粒物沉淀,吸收和拦截沟壁、水体和沟底中溢出的养分,同时水生植物的存在可以加速氮、磷界面交换和传递,从而使污水中氮、磷的浓度快速减小,具有良好地净化效果。

　　(2)收割植物解决二次污染问题,沟渠中水生植物对污水中的氮、磷有很好的吸收能力,水生植物能被农民收割,解决了二次污染问题。

　　(3)建造灵活、无动力消耗、运行成本低廉。

　　生态沟渠实景图和示意图见图 3-1。

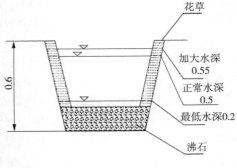

图 3-1　生态沟渠实景和示意图(单位:m)

2. 稳定塘

　　稳定塘旧称氧化塘或生物塘,是一种利用天然净化能力对污水进行处理的构筑物的总称。其净化过程与自然水体的自净过程相似。通常是将土地进行适当的人工修整,建成池塘,并设置围堤和防渗层,依靠塘内生长的微生物来处理污水。主要利用菌藻的共同作用处理废水中的有机污染物。稳定塘具有以下特点。

　　(1)能充分利用地形,结构简单,建设费用低。采用污水处理稳定塘系统,可以利用荒废的河道、沼泽地、峡谷、废弃的水库等地段建设,结构简单,大都以土石结构为主,具有施工周期短、易于施工和基建费低等优点。污水处理与利用生态工程的基建投资为相同规模常规污水处理厂的 $1/3 \sim 1/2$。

　　(2)可实现污水资源化和污水回收及再用,实现水循环,既节省了水资源,又获得了经济收益。经稳定塘处理后的污水,可用于农业灌溉,也可在处理后的污水中进行水生植物和水产的养殖。将污水中的有机物转化为水生作物、鱼、水禽等物质,提供给人们使用或其他用途。如果考虑综合利用的收入,可能到达收支平衡,甚至有所盈余。

(3)处理能耗低,运行维护方便,成本低。风能是稳定塘的重要辅助能源之一,经过适当的设计,可在稳定塘中实现风能的自然曝气充氧,从而达到节省电能、降低处理能耗的目的。此外,在稳定塘中无须复杂的机械设备和装置,这使稳定塘的运行更能稳定并保持良好的处理效果,而且其运行费用仅为常规污水处理厂的 1/5~1/3。

(4)美化环境,形成生态景观。将净化后的污水引入人工湖中,用作景观和游览的水源。由此形成的处理与利用生态系统不仅将成为有效的污水处理设施,而且将成为现代化生态农业基地和游览的胜地。

(5)污泥产量少。稳定塘污水处理技术的另一个优点就是产生污泥量小,仅为活性污泥法所产生污泥量的 1/10,前端处理系统中产生的污泥可以送至该生态系统中的藕塘或芦苇塘或附近的农田,作为有机肥加以使用和消耗。前端带有厌氧塘或碱性塘的塘系统,通过厌氧塘或碱性塘底部的污泥发酵坑使污泥发生酸化、水解和甲烷发酵,从而使有机固体颗粒转化为液体或气体,可以实现污泥等零排放。

(6)能承受污水水量大范围的波动,其适应能力和抗冲击能力强。我国许多城市的污水 BOD 浓度很小,低于 100 mg/L,使活性污泥法尤其是生物氧化沟无法正常运行,而稳定塘不仅能够有效的处理高浓度有机物水,也可以处理低浓度污水。

按照塘内微生物的类型和供氧方式来划分,稳定塘可以分为好氧塘、兼性塘、厌氧塘、曝气塘。

(1)好氧塘是一种菌藻共生的污水好氧生物处理塘。深度较浅,一般为 0.3~0.5 m。阳光可以直接透射到塘底,塘内存在着细菌、原生动物和藻类,由藻类的光合作用和风力搅动提供溶解氧,好氧微生物对有机物进行降解。

(2)有效深度介于 1.0~2.0 m。上层为好氧区;中间层为兼性区;塘底为厌氧区,沉淀污泥在此进行厌氧发酵。兼性塘是在各种类型的处理塘中最普遍采用的处理系统。

(3)厌氧塘,塘水深度一般在 2 m 以上,最深可达 4~5 m。厌氧塘水中溶解氧很少,基本上处于厌氧状态。

(4)曝气塘,塘深大于 2 m,采取人工曝气方式供氧,塘内全部处于好氧状态。曝气塘一般分为好氧曝气塘和兼性曝气塘两种。

此外,还有其他一些类型的稳定塘:

深度处理塘——进一步提高二级处理水的出水水质。

水生植物塘——在塘内种植一些纤维管束水生植物,比如芦苇、水花生、水浮莲、水葫芦等,能够有效地去除水中的污染物,尤其是对氮、磷有较好的去除效果。

生态系统塘——在塘内养殖鱼、蚌、螺、鸭、鹅等,这些水产水禽与原生动物、浮游动物、底栖动物、细菌、藻类之间通过食物链构成复杂的生态系统,既能进一步净化水质,又可以使出水中藻类的含量降低。

由于稳定塘具有很多类型,所以可以组合成多种不同的流程。

3. 跌水复氧

污染严重的河道水体由于耗氧量大于水体的自然复氧量,溶解氧很低,甚至处于缺氧(或厌氧)状态。向处于缺氧(或厌氧)状态的河道进行人工充氧,此过程称为复氧。

在城市滞流水域,比如湖之间的狭长连接段,在对通航和过鱼没有影响的情况下,可以根据河道沿程特点,设计梯级式橡胶坝分段截流蓄水,使水面能达到一定的深度,利用橡胶坝进行跌水曝气增氧。橡胶坝跌水曝气作为表面曝气的一种特殊形式,水从坝上跌下卷入空气中的氧气形成曝气,具有运行管理方便的特点。

在跌水曝气充氧的过程中,利用的急变流的掺气特性,使水从高处自由下落,跌落的同时,携带一定量的空气跌入下部水面中,被带入水中的空气以气泡形式与水面下层水体充分接触,气泡破裂后,为下部水体复氧。跌水曝气的溶氧效果,与跌水的单宽流量、跌水高度和跌水级数有关。要增加氧的总转移系数值,就需要增加空气与水的接触时间和接触面积。可以从两个方面来实现:①增加跌水高度;②分散水流,减缓水流下落速度。

跌水曝气复氧原理在污水处理厂运用较多,一般配合接触氧化池使用。利用相邻两接触氧化池间的高差,使污水从高处多级跌落,水体在跌落过程中与空气充分接触而自然复氧,以满足接触氧化池对溶解氧的需求,采用这种充氧方式可降低运行费用。

利用橡胶坝跌水曝气具有操作管理简单、工程造价低廉等特点。分段蓄水跌水,还可以增加城市景观,使用橡胶坝也利于撤除复原。跌水曝气复氧的能力和工艺已被国内外污水处理厂充分证实和利用。

4. 人工湿地

人工湿地是一种通过人工设计、改造而成的半生态型污水处理系统,主要由土壤基质、水生植物和微生物三部分组成。污水以一定的方向流经人工湿地,人工湿地利用土壤、人工介质、植物、微生物的物理、化学、生物三重协同作用,对污水进行处理。其作用机制包括吸附、滞留、过滤、氧化还原、沉淀、微生物分解、转化、植物遮蔽、残留物积累、蒸腾水分和养分吸收的作用。

人工湿地根据污水在人工湿地中的位置不同,可分为表面流人工湿地和潜流人工湿地。表面流人工湿地建造费用较省,但占地面积大于潜流人工湿地,且冬季表面易结冰,夏季易繁殖蚊虫,并有臭味。现在潜流型人工湿地受到广泛的推广和应用。

人工湿地具有以下特点:

(1)投资省、能耗低、维护简便。

人工湿地不采用大量人工构筑物和机电设备,无须曝气、投加药剂和回流污泥,也没有剩余污泥产生,因而可大大节省投资和运行费用。至于维护技术,人工湿地基本上不需要机电设备,故维护上只是清理渠道及管理作物,一般人员完全可以承担,只需个别专业人员定期检查。

(2)脱氮除磷效果好、病源微生物去除率高。

人工湿地是低投入、高效率的脱氮除磷工艺,无须专门消毒便可对病原微生物大幅去除,处理后的水可直接排入湖泊、水库或河流中,亦可用作冲厕、洗车、灌溉、绿化及工业回用等。

(3)可与水景观建设有机结合。

人工湿地可作为滨水景观的一部分,沿着河流和湖泊的堤岸建设,可大可小,就地利用,部分湿生植物(如美人蕉、鸢尾等)本身即具有良好的景观效果。

人工湿地实景图和示意图见图3-2。

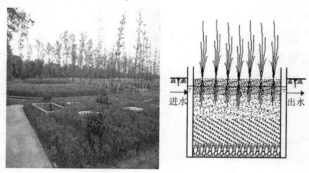

图 3-2　人工湿地实景和示意图

(二)排污口合并与调整工程

应据水功能区水质目标,结合当地污水处理设施的建设情况和布局要求,对入河排污口进行必要的合并与调整。

对于城区内禁止设置入河排污口的水域,入河排污口整治应重点考虑污水集中入管网,并与城市的污水截流系统相协调;截污导流一般采取将入河排污口延伸至下游水功能区,或延伸至下游与其他入河排污口归并等形式。对于无法实施集中入管网或截污导流的入河排污口,如果具备合适的条件,可以考虑调整排放。调整排放的水域必须符合水功能区管理的要求。

对于远离城市的禁止设置入河排污口水域,由于不具备污水入管网的条件,整治应重点考虑污水处理后回用、调整(改道)、截污导流等措施。

(三)污水处理回用工程

污水经处理后回用包括厂内循环回用和厂外回用两个部分。对于工业污水处理设施产生的达标尾水主要考虑企业内部循环回用;对于城镇污水处理厂处理达标的尾水主要考虑深度处理后的厂外中水回用,本次重点考虑厂外中水回用部分。

城市污水是水量稳定、供给可靠的一种潜在水资源。因此,城市污水的再生利用是开源节流、减轻水体污染程度、改善生态环境、解决城市缺水问题的有效途径之一。再生水的用途很多,可以用于农田灌溉、园林绿化(公园、校园、高速路绿化带、高尔夫球场、住宅等)、工业(冷却水、锅炉工艺用水)、大型建筑冲洗一级娱乐与环境(改善湖泊、池塘、沼泽地)、消防、空调和水冲厕等市政杂用。随着对城市环境要求的日益提高,回用于城市景观河道用水也是重要的一个方面。

1.再生水回用的主要途径

1)农业灌溉

在国外,利用再生水灌溉的实践已有很长历史,尤其是一些处于干旱、半干旱地区的国家和地区,如以色列、突尼斯、约旦、美国、澳大利亚等。城市再生水主要用于农业灌溉,发达国家农业的再生水使用比例约为65%,在一些干旱缺水地区,农业再生水使用比例则高达80%。美国建有200多个污水回用工程,其污水利用率已达70%,其中约2/3用于灌溉,灌溉用再生水水量占总灌溉水量的1/5;突尼斯2000年再生水灌溉量达1.25亿 m^3;约旦大多数城市污水处理后回用于农业,灌溉面积近1.07万 hm^2;以色列某些地区使用再生水灌溉已有30多年的历史,100%的生活污水及72%的城市污水已经回用,一般回用工程规模为0.5万~1.0万 m^3/d,最小规模为27 m^3/d,最大规模可达2.0万 m^3/d,处理后污水42%用于农业灌溉。美国、以色列、突尼斯、澳大利亚等对再生水的农业应用均已形成了一定体系并制定了相关标准。

目前,我国城市再生水利用主要集中在景观灌溉、中水洗车、道路浇洒、娱乐用水等,总体规模比较小。许多地方是将城市污水未经或只经简单处理就排入天然水体(河流、湖泊、海洋),农民从中引水灌溉,还有的地方是直接从排污口引水灌溉。北京市是我国城市污水处理率最高的城市之一(41%),高碑店城市污水处理厂的二级出水的大部分排入通惠河,通惠河及凉水河同时还承接生活污水和生产废水,下游沿岸的居民从河水中引水灌溉作物。据2004年统计,全国仅污水灌溉面积已达361.8万 hm^2,占有效灌溉面积的6.4%。这种直接或间接应用污水进行灌溉,在一定时期一定地区内给农民带来了经济效益的增加,不仅解决了灌溉缺水的难题,而且增加了土壤肥力、提高了作物产量。

2)工业利用

污水处理厂的二级处理出水,根据用途不同,可直接或者再经进一步处理达到更高的水质后应用于工业过程。其中,最具有普遍性和代表性的用途是工业冷却水。美国马里兰州1971年在伯利恒钢铁厂将回用水作为工业冷却水及部分工艺用水,用量高达76万 m^3/d,自建成以来一直稳定运行。我国在污水处理厂二级出水或先进二级处理出水用作工业冷却水方面进行了大量试验研究,并有运行成功的实例。大连市春柳河水质净化厂是我国第一个再生水回用示范工程,1992年正式投产,回用于红星化工厂作为工艺用水,水量达1万 m^3/d。北京高碑店污水处理厂的二级处理出水给华能热厂提供冷却水的水源,供应量为4万 t/d。

3)生活杂用

处理后污水回用生活杂用水,北京最具有代表性。1984年北京市进行污水示范工程建设,并于1987年出台了《北京市中水建设管理实施办法》,在该管理条例中,凡建筑面积在2万 m^2 以上的旅馆、饭店和公寓以及建筑面积在3万 m^2 以上的机关科研单位和新建的生活小区都要建立中水设施。以此为契机,北京市中水设施的建设得到了较快的发展,到目前为止,北京市已经建成投入使用了160多个中水设施,这些设施大多集中在宾馆、饭店和大专院校,它们以洗浴、盥洗等日常杂用水为水源,经过处理达到中水水质标准后,可以回用于冲厕、洗车、绿化等。目前这些中水设施处理能力已经达到4万 m^3,回用水量约2.4万 t/d。

4)景观用水

我国将城市污水回用于景观水体的研究最早始于"七五'国家科技攻关计划'"。此后北京、天津、石家庄等城市相继将污水处理厂出水进一步处理后补给干涸的景观河道、湖泊等,北京的高碑店湖、南护城河、昆玉河,天津的海河、卫津河,石家庄市区的"民心河"等景观水体均得到了极大的改善,取得了良好的经济效益和环境效益,对我国再生水回用于景观水体的工程实践起到了积极的示范作用。此外,实施再生水回用于景观水体的城市还有泰安、郑州、成都、慈溪等地。国外在再生水回用于景观水体方面的研究早在20世纪30年代就已开始。1932年美国在加利福尼亚州的旧金山建立了世界上最早的将污水再利用为公园湖泊观赏用水的污水处理厂,到1947年为公园湖泊和景观灌溉供水已达3.8万 m³/d,占公园需水量的1/4。日本早在20世纪60年代开始尝试污水回用,70年代初具规模。回用水主要用于补充河道、浇灌绿地、冲厕、工业循环及消防等。其中,用于景观水体的约占总再生量的10%。日本曾在1985~1996年用再生水复活了150多条河道的景观功能。国外实施再生水回用于景观水体的城市以美国、日本居多,还有其他的一些国家,如澳大利亚、以色列、南非等也进行过大量的研究并有着许多成功的实例。

2. 再生水回用的水质要求

1)农田灌溉

农田灌溉利用主要分为直接食用作物、间接食用作物和非食用作物。

(1)直接食用作物:应重点关注重金属、病原微生物、有毒有害有机物、色度、嗅味、TDS等指标。

(2)间接食用作物:应重点关注重金属、病原微生物、有毒有害有机物、TDS等指标。

(3)非食用作物:应重点关注病原微生物、TDS等指标。

2)工业利用

在工业利用方面,常见的方式有冷却和洗涤用水、锅炉补给水以及工艺与产品用水。各种利用方式的指标有很大不同。

(1)冷却和洗涤用水:应考虑防止结垢、腐蚀、生物滋生等,重点关注氨氮、氯离子、SS、色度等指标。

(2)锅炉补给水:应考虑防止结垢、腐蚀等,重点关注TDS、COD、SS等指标。用于锅炉补给水的水质与锅炉压力有关,锅炉蒸汽压力越高,对水质要求越高。

(3)工艺与产品用水:不同工艺与产品用水水质需求差异较大,通常需关注COD、SS、色度、嗅味等指标。

3. 再生水深度处理技术

再生水深度处理可以定义为经过传统二级废水处理后,为进一步提高水资源回用所需要增加的其他处理过程。关于再生水深度处理技术有很多,如混凝技术、过滤技术、氧化还原技术、消毒技术、膜生物反应技术、活性炭吸附技术、曝气生物滤池技术等,应根据再生水回用的途径及水质要求,一种或几种深度处理技术相结合,以达到回用的水质目标要求。

1)混凝技术

混凝技术是通过向水中投加某种化学药剂,使水中的细分散颗粒和胶体物质脱稳凝聚,进一步形成絮凝体的过程,其中包括凝聚和絮凝两个过程。

目前,混凝技术在水处理界得到广泛的应用。通过混凝技术可以降低污水的浊度和色度,去除多种高分子物质有机物、某些重金属毒物和放射性物质等,也可以去除导致水体富营养化的氮和磷等可溶性有机物,此外在污泥脱水前的浓缩过程中通过投加混凝剂还能够改善污泥的脱水性能。所以,混凝技术在水处理中应用非常广泛,既可以作为独立的处理方法也可以和其他处理方法如生物处理等进行组合。混凝技术可作为污水的预处理、中间处理或终端处理在污水回用深度处理中经常采用,然后用过滤技术获得相应水质。

2)过滤技术

在水处理过程中,过滤一般是指以石英砂等粒状滤料层截留水中悬浮杂质,从而使水获得澄清的工艺过程。总的来说,有效的过滤有以下几点作用:去除化学沉淀或生物处理过程中未能沉降的悬浮颗粒和微絮凝体,增加悬浮物浊度、BOD、COD、磷、重金属、细菌病毒和其他物质的去除效率。由于去除了悬浮物和其他干扰物质,因而提高了消毒效率,降低了消毒剂用量。作为如活性炭滤池等工艺的预处理能使其减少有机物负荷,提高处理效率。有利于提高化学处理或生化处理后出水水质的可靠性,保证处理厂连续操作。利用滤池细滤料作为生物膜的载体,可以与生物脱氮作用相结合。

3)氧化还原技术

氧化还原技术是去除污水中污染物的一种有效方法。已经受到越来越广泛的关注,通过化学反应把污水中呈溶解状态的无机物和有机物氧化或还原成无害的化合物或者转化成容易与水分离的物质形态,从而实现水中污染物的去除和无害化。氧化还原法本质上是一个电子转移过程,其氧化和还原总是同时发生的,按照污染物的净化机制,氧化还原法包括氧化法、还原法和电解法三大类。

4)消毒技术

消毒是指通过消毒剂或其他消毒手段,杀灭水中致病微生物的处理过程。消毒与灭菌是两种不同的处理工艺,在消毒过程中并不是所有的微生物均被破坏,它仅要求杀灭致病微生物,而灭菌则要求杀灭全部微生物。对于城市污水回用工程消毒是必不可少的处理工艺。

消毒方法大体上可分为两类:物理方法和化学方法。物理方法主要有加热、冷冻、辐射紫外线和微波消毒等。但目前最常用的还是使用化学药剂的化学方法。

5)膜生物反应技术

膜生物反应器是膜分离技术与污水生物处理技术有机结合而产生的一种高效污水处理新工艺,主要由膜组件和生物反应器两部分构成。由于膜的高效截留作用,微生物被完全截留在生物反应器中,有利于增殖缓慢的硝化菌的生长和繁殖。生物反应器在高容积负荷、低污泥负荷和长泥龄条件下运行,能够提高难降解有机物的降解效率。因其出水水质好、占地面积小、污泥产量低、运行管理方便,在水处理领域受到广泛重视。膜生物反应工艺流程见图3-3。

6)活性炭吸附技术

吸附法主要用以脱除水中的微量污染物,应用范围包括脱色、除嗅、除味、除重金属、除各种溶解性有机物及放射性元素等。在处理流程中,吸附法可作为离子交换、膜分离等方法的预处理,以去除有机物、胶体物及余氯等;也可以作为二级处理后的深度处理技术,以优化水质。

利用吸附法进行水处理,具有适用范围广、处理效果好、可回收有用物料、吸附剂可重复使用等优点,但对进水预处理要求较高,运转费用较高,系统庞大,操作较麻烦。

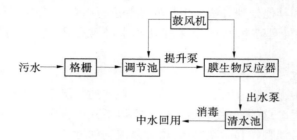

图 3-3　膜生物反应流程

7) 曝气生物滤池技术

曝气生物滤池(Biological Aerated Filters,简称 BAF)处理工艺的形式和操作方式有多种,各具特点,但其基本原理都是在滤池内填充大量粒径较小、表面粗糙的填料,通过培养和驯化让填料挂上有用生物膜,利用高浓生物膜的生物降解和生物絮凝能力处理污水中的有机物,并利用填料的过滤能力截留悬浮物,保证脱落的生物膜不随水流出。运行一段时间后,曝气生物滤池的阻力损失增大,处理能力降低,需要对其进行反冲洗以冲掉被吸附和截留的悬浮物,更新生物膜。同时,因为曝气装置将整个滤池分为好氧区和厌氧区,可分别进行硝化和反硝化,从而达到脱氮的目的,使氨氮指标达标。若在相应阶段投加适量除磷剂(一般为铁剂),则可达到更好的除磷效果。

曝气生物滤池处理工艺流程见图 3-4。

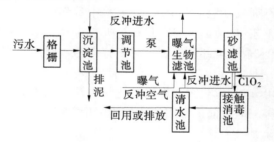

图 3-4　曝气生物滤池处理工艺流程

四、入河排污口综合整治

在入河排污口优化布局的基础上,综合考虑河道管理、岸线布局等要求,进行排污口净化生态工程、排污口合并与调整工程、污水经处理后回用等措施的主要水功能区入河排污口综合整治,主要包括城北污水处理厂排污口综合整治、综合污水处理厂排污口综合整治、凯琳水务排污口综合整治和东城污水处理厂排污口综合整治。

(一)城北污水处理厂排污口综合整治

根据再生水源和潜在用水户的分布以及水质处理程度,将城北污水处理厂排污口的再生水利用现有河道拦蓄,设置跌水复氧装置,用于周边农田灌溉和河道生态景观用水,剩余部分进入巨淀湖景区,补充景区的生态用水。并通过景区内的湿地系统进行二次生物净化处理,向周边双王城水库风景区提供良好的生态用水。

(二) 综合污水处理厂排污口综合整治

寿光市拟在北部建设面积 3.6 万亩的湿地-塘污水处理厂,利用芦苇、藕等维管束类水生植物进行生物净化处理污水,处理后的水可以用于棉花、林木灌溉。

寿光市拟建设的入海口湿地公园位于小清河入海口段,面积 1.36 km²。主要由小清河流域、天然芦苇生长区、生态旅游区、近海海域、近海滩涂等构成,以保护水资源、天然芦苇、近海海域、近海滩涂、生态旅游等为重点。

本次将综合污水处理厂排污口的再生水进入人工湿地-塘污水处理厂,经净化后用于棉花、林木灌溉,剩余水量回用于入海口湿地的生态用水。

(三) 凯琳水务排污口综合整治

凯琳水务排污口位于寿光市羊口渤海化工园附近,因此将排污口的再生水回用于化工园的工业用水,主要用于工业冷却循环、锅炉用水及其他工业用水,需铺设由污水处理厂至工业园区的再生水供水管道 5 km。

(四) 东城污水处理厂排污口综合整治

东城污水处理厂排污口位于寿光市城市规划的生态农业区,将东城污水处理厂排污口的再生水利用现有河道拦蓄,设置跌水复氧装置,用于周边农田灌溉和河道生态景观用水,剩余水量可用于丹河下游侯镇项目区工业用水,主要用于工业冷却循环及锅炉用水。

第三节　内源治理与面源控制

一、污染调查与估算

(一) 内源污染调查与估算

1. 调查范围

根据寿光市的实际状况,内源污染调查范围主要有 6 个,包括 4 个二级水功能区(弥河潍坊农业用水区、弥河寿光农业用水区、丹河潍坊农业用水区和桂河潍坊农业用水区)、双王城水库和巨淀湖。其中,弥河潍坊农业用水区选择弥河入寿光界—寒桥段、弥河寿光农业用水区为全部区段、丹河潍坊农业用水区选择丹河入寿光界—入弥河口段、桂河潍坊农业用水区选择桂河入寿光界—桂河出寿光界段。这 6 个调查范围均无开展水产养殖和航运等活动,因此本次调查的内源污染对象只包括底泥污染一项。

内源污染调查的取样点位置分别见表 3-14。其中,4 个水功能区分别取样 3 个,双王城水库和巨淀湖分别取样 1 个。

2. 底泥释放影响因素

底泥一般指的是江河湖海沉积物,是各种营养盐和污染物等的主要蓄积场所,也是水域生态系统物质、能量循环的重要环节。水体受到污染后,水中污染物部分沉积或通过吸附作用在底泥中富集。在一定条件下,如微生物分解作用、底泥扰动,底泥中的污染物会再次释放出来,影响上覆水体。河流或湖泊内源污染的释放类似于非点源污染,释放面积大,释放时间、突进和释放量具有不确定性,明确污染物静态释放,了解污染物在沉积物—水的迁移规律,对于科学估算污染负荷,有效控制沉积物中污染物向水体释放具有重要的意义。

表 3-14　寿光市内源污染调查范围与取样点一览

典型区域名称	取样点位置	取样点大地坐标		控制河段参数(m)	
		东经	北纬	长度	宽度
弥河(弥河入寿光界—寒桥段)	庄家村东	118°40′48″	36°45′48″	6 700	250
	牛角村西	118°45′01″	36°48′12″	8 900	240
	寿光植物园	118°48′31″	36°52′12″	5 400	260
弥河(寒桥—入海口段)	寒桥村	118°49′42″	36°54′08″	11 200	170
	西景明村	118°50′24″	36°59′24″	19 700	50
	西黑冢子前村	118°53′49″	37°04′12″	14 100	40
丹河(丹河入寿光界—入弥河口段)	张家楼子村	118°48′00″	36°44′23″	17 300	20
	西四村东	118°52′47″	36°50′39″	18 500	20
	侯家河东村	118°59″25″	36°58′15″	15 200	20
桂河(桂河入寿光界—桂河出寿光界段)	后牟村	118°54′36″	36°44′58″	5 300	22
	国家埠村	118°54′16″	36°46′56″	8 200	15
	北慈村	118°57′36″	36°50′25″	4 200	18
双王城水库	双王城水库南	118°42′36″	37°07′47″	6 273 000	
巨淀湖	巨淀湖东南	118°39′36″	37°03′35″	9 990 000	

注:双王城水库 6 273 000 为调节库容面积,单位为 m²;巨淀湖 9 990 000 为水面面积,单位为 m²。

1)底泥磷释放影响因素

通常情况下,底泥释放的磷首先进入沉积物的间隙水中(这一步骤被认为是营养物释放速率的决定步骤),然后扩散到水土界面,进而向上覆水混合扩散,成为地表水体上覆水磷负荷的一部分。底泥磷释放受底泥磷形态及环境因素的影响。

(1)溶解氧。

相关研究表明,通常情况下厌氧状态会加速底泥磷的释放,而好氧状态则会抑制底泥磷的释放,两者差一个数量级。这是因为水中的溶解氧会影响底泥的氧化还原电位,磷释放对于表层沉积物的氧化还原电位变化非常敏感。当表层沉积物的氧化还原电位大于 350 mV,三价铁与磷酸盐结合成不溶的磷酸铁,可溶性的磷也被氢氧化铁吸附而逐渐沉降。而当氧化还原电位低于 200 mV,有助于三价铁向二价铁转化,使铁的氢氧化物和氧化物结合的磷得到释放。

研究表明,底质所释放的磷主要为溶解性正磷酸盐,是水生生物最易吸收的形式,这样就为大型水生生物和藻类的增殖提供条件,加速其生长繁殖的速度。而这些死亡后的生物残体不能及时取走,由微生物分解、腐烂,消耗水中的溶解氧,使水体更加缺氧,这种缺氧的环境反过来加速底质磷的释放,形成恶性循环。另外,浅水湖泊中高的硝酸盐浓度可使 Fe 处于氧化状态,从而对沉积物磷释放存在一定的拮抗作用。

（2）温度。

温度升高有利于沉积物释磷。沉积物磷的释放因季节而变化，在冬天释放量很低，在夏天达到最大值。这是因为温度升高会增加沉积物中微生物和生物体的活动，促进生物扰动、矿化分解作用和厌氧转化等过程，导致水—土界面呈还原状态，促使 Fe^{3+} 还原为 Fe^{2+}，加速磷酸盐的释放。

（3）pH。

对非石灰性湖泊沉积物而言，pH 在中性范围时，沉积物释磷量最小；而升高或降低 pH 释磷量成倍地增大，溶解磷总的释放量与 pH 呈抛物线（或 U 形）相关在 pH 较低时，沉积物释磷以溶解作用为主；而在高 pH 时，体系中 OH^- 可与无定形 Fe-Al 胶合体中的磷酸根发生交换，沉积物中磷释放量的增加是因为水体中 pH 影响了磷酸盐的存在形式。当 pH 为 3~7 时，磷主要以 HPO_4^{2-} 形式存在；pH 为 8~10 时，磷主要以 $H_2PO_4^-$ 形式存在。而当以 $H_2PO_4^-$ 为主要存在形式时，底泥的吸附作用最大。此时底泥中镁盐、硅酸盐、铝硅酸盐以及氢氧化铁胶体都参与吸附作用。pH 高有利于磷酸根离子从氢氧化铁胶体中解吸附，而使更多的磷酸盐释放到水中。因此，pH 升高有利于底泥中磷的释放。

（4）微生物。

污水尤其是生活污水进入水体后，经过细菌分解，加速消耗溶解氧，同时微生物作用可把沉积物中有机态磷转化、分解成无机态磷，把不溶性磷转化成可溶性磷。藻类对沉积物磷的释放有促进作用，藻类生长得越多，磷释放得越多；反过来，沉积物中磷的释放又进一步促进藻类的生长，两者有相互促进的关系。

（5）沉积物—水界面磷的浓度梯度。

沉积物中的总磷含量与上覆水中的磷浓度关系密切。因泥水界面受生物作用影响明显，常与底泥进行着物质和能量的交换。但是底泥中磷素释放不是无条件进行的，而是受浓度差以及临界浓度的影响。白洋淀底质磷的释放研究发现，当湖水中磷含量高于底质磷释放临界浓度时，总的表现是以沉积为主，国外学者也发现当富营养化湖泊水体磷浓度小于 0.03 mg/L 时，沉积物中的磷才被释放，当水中磷浓度大于 0.09~0.12 mg/L 时，水中的磷会向沉积物迁移。总之，磷的释放与沉积物—水界面间的浓度差有关，浓度差越大，沉积物释磷越快。

（6）盐度。

大量研究结果证明，随着加入铝盐量的增加，沉积物释放磷的量呈线形递减。从国内外脱氮除磷工业中可以看出，氮盐的存在形态同样具有影响，硝态氮包括硝酸盐氮和亚硝酸盐氮，它们会消耗有机基质而抑制聚磷菌对磷的释放，从而影响在好氧条件下聚磷菌对磷的吸收。另外，硝态氮的存在会被部分生物聚磷菌（气单胞菌）利用作为电子受体进行反硝化，进而影响其以发酵中间产物作为电子受体进行发酵产酸，进而抑制了聚磷菌的释磷和摄磷能力。

（7）扰动。

对浅水湖泊来说，扰动是影响沉积物—水界面反应的重要物理因素。动态条件下磷从沉积物的释放量远大于静态条件的释放量。对于浅水湖泊而言，在一定条件下，风力和湖流引起湖泊底部沉积物的扰动使沉积物处于再悬浮状态，这种再悬浮状态会强烈地影响磷在沉积物—水界面间的再分配,部分营养元素可从沉积物中向上层水体释放,使水体营养负荷增加。增加沉积物颗粒的反应界面并促进沉积物中磷的释放,同时加速了沉积物间隙水中磷的扩散。

2)底泥氮释放影响因素

底泥氮的释放主要取决于底泥氮化合物分解的程度,且释放同样受到溶解氧、温度、pH、生物作用、上覆水营养盐浓度及盐度等的影响。

(1)溶解氧。

底泥中的氧直接或间接控制着硝化和反硝化的进行,而硝化和反硝化作用是影响底泥—水界面氮转移和交换的主要过程,从而影响到不同形态氮的交换速率和通量。国内研究表明:低溶解氧水平加快底泥释放氨氮速度和增加释放量;好氧条件影响水体底泥三氮释放与反硝化作用达到平衡的时间,当上覆水溶解氧浓度大时,达到平衡的时间较短。同时,有机质降解对氨氮释放影响最大。

(2)温度。

温度的变化直接或间接影响到底泥有机物矿化速率、硝化和反硝化速率,进而影响底泥—水界面氮的交换行为。相关研究表明:温度越高、底泥释放更多的氮。一方面,温度影响微生物活性,促进了有机氮的分解,导致氮的释放量增加;另一方面,上覆水氧气会被快速消耗,从而缓解硝化作用,使底泥氨氮的释放速率加快。

(3)pH。

pH 一方面影响底泥微生物的活性,另一方面会影响到间隙水中氨氮的迁移过程。研究表明:偏酸(pH5.5)和偏碱(pH11.5)条件下氮的释放量较正常 pH(8.5)条件下增大。

(4)生物作用。

大型底栖动物和微生物对底泥有机质的分解起重要作用,可促进硝化作用的进行,使有机氮分解为氨氮,然后经亚硝态氮转化为硝态氮,而硝态氮可以通过反硝化作用转化为氮气脱离水体,从而影响不同形态氮的交换速率和通量。

(5)上覆水营养盐浓度。

间隙水和上覆水之间营养盐扩散作用主要由二者的浓度差决定,上覆水中营养盐的浓度影响到沉积物—水界面上营养盐的浓度梯度,从而影响扩散的速度和方向,当上覆水体硝态氮的浓度较高时,硝态氮从上覆水体向底泥转化并被反硝化。

(6)盐度。

研究表明:盐度为 0 时,释放量最小,随着盐度的上升,氮的释放量增加,当盐度增加到 0.5% ~ 1% 时出现释放峰值,而盐度继续增大时对释放量影响不大。

3.寿光市典型区域内源污染估算

1)室内模拟实验

沉积物界面物质释放试验在室内将柱状样中上层水体用虹吸法抽去,再用虹吸法沿壁小心滴注已过滤的原采样点水样,至液面高度距沉积物表面 20 cm 处停止,标注刻度,所有采样管均垂直放入循环水浴器中,蔽光培养。即刻取原水样作起始样,此后在指定时间用移液管于水柱中段取样,每次取样体积为 50 mL,同时用原样点初始过滤水样补充至刻度,其后于 12 h、24 h、36 h 和 72 h 时进行采样,全部试验于 72 h(3 d)止,结束时的样品分析项目与起始时同。

底泥污染物的释放速率按照下式计算：

$$R = \left[V(c_n - c_o) + \sum_{j=1}^{n} V_{j-1}(c_{j-1} - c_a) \right] / At \qquad (3-15)$$

式中：R 为释放速率，mg/（m² · d）；V 为上覆水体积，L；c_n、c_o、c_{j-1} 为第 n 次、初次和 $j-1$ 次采样时某物质的含量，mg/L；c_a 为添加原水后水体某物质含量，mg/L；A 为沉积物—水接触界面，m²；t 为释放时间，d

2）模拟结果

根据室内试验数据，采用式（3-15），分别计算出不同水功能区不同取样点各水质指标的释放速率，具体见表3-15。

表3-15　寿光市不同水功能区不同取样点各水质指标的释放速率 [单位：mg/（m² · d）]

典型区域名称	取样点位置	释放速率			
		COD	氨氮	TP	TN
弥河（弥河入寿光界—寒桥段）	庄家村东	40.85	10.30	0.17	11.33
	牛角村西	28.56	19.58	0.17	21.54
	寿光植物园	33.60	14.36	0.12	15.80
弥河（寒桥—入海口段）	寒桥村	45.60	5.95	0.13	6.54
	西景明村	50.30	7.98	0.27	8.78
	西黑冢子前村	55.60	10.18	0.19	11.20
丹河（丹河入寿光界—入弥河口段）	张家楼子村	52.30	25.95	0.36	28.54
	西四村东	61.80	32.55	0.29	35.80
	侯家河东村	65.30	69.68	0.37	76.65
桂河（桂河入寿光界—桂河出寿光界段）	后牟村	34.50	21.55	0.12	23.71
	国家埠村	27.87	27.87	0.13	30.66
	北慈村	31.50	31.50	0.15	34.65
双王城水库	双王城水库南	0.03	0.01	0	0.02
巨淀湖	巨淀湖东南	22.50	17.35	0.11	23.86

3）内源污染估算结果

采用取样点控制面积与点污染物释放速率相乘，可以粗略估算2010年寿光市6个典型区域COD、氨氮、TP、TN污染物负荷量，具体见表3-16。

表 3-16　　2010 年寿光市典型区域内源污染估算结果　　　　（单位：t）

编号	典型区域名称	COD	氨氮	TP	TN
1	弥河(弥河入寿光界—寒桥段)	64.46	28.92	0.29	31.82
2	弥河(寒桥—入海口段)	61.22	9.10	0.22	10.01
3	丹河(丹河入寿光界—入弥河口段)	22.20	15.40	0.12	16.94
4	桂河(桂河入寿光界—桂河出寿光界段)	4.29	3.04	0.02	3.34
5	双王城水库	0.07	0.02	0	0.05
6	巨淀湖	82.04	63.26	0.39	87.00

（二）面源污染调查与估算

面源污染调查的对象包括农村生活污水与固体废弃物、化肥农药使用情况、畜禽养殖和城镇地表径流四项。以现状水平年（2010 年）各地区统计年鉴为基础,结合补充调研,估算各地区面源污染负荷量,考虑到寿光市现有水功能区所在河流中弥河、丹河具为两岸筑堤,周边面源污染无法进入水体,因此面源污染调查主要针对桂河水功能区。

1. 农村生活污水及固体废弃物

采用排污系数法计算寿光市农村生活污水污染负荷。由于无法获得农村生活排水系数,考虑到城镇生活与农村生活排水水质相差不大,仅用水定额就有较大差别,因此农村生活污染排放系数参考城镇生活排污系数经还换算获得。

根据寿光市水资源报表,2010 年,寿光市农村生活用水定额为 60 L/（人·d）,城镇生活用水定额为 100 L/（人·d）,因此农村生活污染排放系数按照城镇生活排污系数的 0.6 计,其中城镇生活排污系数取自《生活源产排污系数及使用说明》（环保部华南环境科学研究所,2010.1.13）。山东农村生活垃圾产生量:0.7～0.9 kg/（人·d）（数据来源《第一次全国污染源普查城镇生活源产排污系数手册》）,农村生活垃圾产生系数取中间值 0.8 kg/（人·d）,农村生活污水及固体污染物计算结果见表 3-17。

表 3-17　寿光市农村生活污水及固体污染物负荷计算结果

地区	COD	氨氮	TN	TP
城镇生活用水标准[L/（人·d）]	100			
潍坊城镇排污系数[g/（人·d）]	56	7.94	10.24	0.74
农村生活用水指标[L/（人·d）]	60			
农村生活排污系数[g/（人·d）]	33.6	4.76	6.14	0.44
农村人口（人）	890 083			
农村生活污水污染负荷(t/年)	10 915.98	1 546.43	1 994.77	142.95
农村生活垃圾产生系数[kg/（人·d）]	0.8			
农村生活垃圾量(t/年)	259 904			

2. 化肥农药

根据《寿光市统计年鉴 2010》,2010 年全市农药使用量 2 332 t,有效成分按照 20%
计,折纯量 466 t;农用化肥施用量(折纯量):氮肥 37 908 t;磷肥 11 294 t。按照国内外相
关研究成果,目前化肥流失量约占施用量的 40%,农药实际使用率只有 30%,由此可以估
算寿光市农药化肥污染排放量分别为:TN 污染负荷 15 163 t/年(化肥),TP 污染负荷
4 517+326＝4 843(t/年)(化肥和农药)。

3. 畜禽养殖

根据《寿光市统计年鉴 2010》,2010 年寿光市猪存栏 379 377 头,牛存栏 6 865 头,羊
存栏 92 313 头,家禽存栏 16 061 920 只,其他禽 154 160 只,大牲畜(除牛外)255 头,兔存
栏 16 995 只。畜禽养殖产物系数参考《畜禽养殖业产污系数与排污系数手册》,由于该手
册中华北区主要列出牛、猪、鸡三种,因此在计算其他畜禽污染负荷时,对于羊采用猪的产
污系数,大牲畜采用牛的产污系数,其他禽及兔采用鸡的产污系数。华北地区畜禽养殖产
污系数见表 3-18。

表 3-18　畜禽养殖产污系数(华北区)

动物种类	参考体重	污染物指标		单位	产污系数
生猪	27 kg(保育期)	粪便量		kg/(头·d)	1.04
		污染物	COD	g/(头·d)	236.76
			TN	g/(头·d)	20.40
			TP	g/(头·d)	3.48
			氨氮	g/(头·d)	14.28
	70 kg(育肥期)	粪便量		kg/(头·d)	1.81
		污染物	COD	g/(头·d)	419.56
			TN	g/(头·d)	33.23
			TP	g/(头·d)	6.06
			氨氮	g/(头·d)	23.26
	210 kg(妊娠期)	粪便量		kg/(头·d)	2.04
		污染物	COD	g/(头·d)	482.17
			TN	g/(头·d)	43.66
			TP	g/(头·d)	9.93
			氨氮	g/(头·d)	30.56
奶牛	375 kg(育成牛)	粪便量		kg/(头·d)	14.83
		污染物	COD	g/(头·d)	2 975.22
			TN	g/(头·d)	121.68
			TP	g/(头·d)	14.31
			氨氮	g/(头·d)	85.18
	686 kg(产奶牛)	粪便量		kg/(头·d)	32.86
		污染物	COD	g/(头·d)	6 535.35
			TN	g/(头·d)	274.23
			TP	g/(头·d)	38.27
			氨氮	g/(头·d)	191.96

续表 3-18

动物种类	参考体重	污染物指标		单位	产污系数
肉牛	406 kg(育肥牛)	粪便量		kg/(头·d)	15.01
		污染物	COD	g/(头·d)	2 761.42
			TN	g/(头·d)	72.74
			TP	g/(头·d)	13.69
			氨氮	g/(头·d)	50.92
蛋鸡	1.2 kg(育成鸡)	粪便量		kg/(头·d)	0.08
		污染物	COD	g/(头·d)	14.62
			TN	g/(头·d)	0.66
			TP	g/(头·d)	0.11
			氨氮	g/(头·d)	0.46
	1.9 kg(产蛋鸡)	粪便量		kg/(头·d)	0.17
		污染物	COD	g/(头·d)	27.35
			TN	g/(头·d)	1.42
			TP	g/(头·d)	0.42
			氨氮	g/(头·d)	0.99
肉鸡	1.0 kg	粪便量		kg/(头·d)	0.12
		污染物	COD	g/(头·d)	20.36
			TN	g/(头·d)	1.27
			TP	g/(头·d)	0.30
			氨氮	g/(头·d)	0.89

　　畜禽数量与产污系数的乘积可以用来估算寿光市畜禽养殖污染负荷,具体估算结果见表 3-19。

表 3-19　寿光市畜禽养殖污染负荷

动物种类	数量	产污系数[g/(头·d)]				污染负荷(t/年)			
		COD	氨氮	TP	TN	COD	氨氮	TP	TN
猪、羊	471 690	400	21	6	30	68 867	3 616	1 033	5 165
牛、大牲畜	7 120	2 700	50	15	75	7 017	130	39	195
鸡、其他禽、兔	16 233 075	15	0.3	0.1	0.5	88 876	1 778	593	2 963
合计	16 711 885	—	—	—	—	164 760	5 523	1 664	8 322

4. 城镇地表径流污染

对于城镇地表径流负荷,根据城镇地表不透水面积和年降雨量,结合典型调查,采用产污系数法进行污染负荷估算。

1)SCS 模型原理

SCS 模型是美国农业部水土保持局于 1954 年开发研制的流域水文模型,广泛用于流域工程规划、水土保持及防洪、城市水文等诸多方面,被许多国家所采用,并取得了较好的效果。SCS 径流曲线法对输入数据要求较低,适用于无降雨过程资料而只有降水总量资料的地区进行径流量的估算。计算方法中只有一个反映流域(或区域)特征的综合参数(CN),综合考虑了流域降雨、土壤类型、土地利用方式及管理水平、土壤湿润状况与径流间的关系,其计算公式为

$$D = \begin{cases} (P - I_a)^2/(P - I_a + S) & (P \geqslant I_a) \\ 0 & (P < I_a) \end{cases} \tag{3-16}$$

$$S = (25\ 400/CN) - 254 \tag{3-17}$$

式中:D 为一次降雨地表径流深度,mm;S 为流域(或区域)最大可能滞留量,mm;P 为一次降雨量,mm;I_a 为初损量,mm;CN 为径流曲线数值,与土壤植被有关,是一个无量纲参数。

由于 I_a 不易准确测定,SCS 建立了经验公式:$I_a = 0.2S$,则得到最常见的径流方程:

$$D = \begin{cases} (P - 0.2S)^2/(P + 0.8S) & (P \geqslant 0.2S) \\ 0 & (P < 0.2S) \end{cases} \tag{3-18}$$

CN 值是 SCS 模型的主要参数,与土壤的湿润程度、土壤类型、植被类型以及不透水层的比例等因素有关,是用于描述降雨—径流关系的参数,其取值范围为 0 ~ 100(见表 3-20)。先根据土壤特性,将土壤划分为 A、B、C、D 4 种类型,根据 CN 值表可以查得不同土地利用条件下,不同土壤类型的 CN 值;然后将土壤湿润状况根据径流事件发生前 5 d 的降雨总量划分为湿润、中等湿润和干旱 3 种状态(见表 3-21),最后根据土壤湿润状况对 CN 值进行换算,换算关系见表 3-22。

表 3-20　不同土地利用方式在中等含水量条件下的 CN 值

土地利用方式	处理情况		土壤分类			
			A	B	C	D
住宅区	不透水面积占总面积百分比(%)	65	77	85	90	92
		38	61	75	83	87
		30	57	72	81	86
		25	54	70	80	85
		20	51	68	79	84
街道与道路	铺面,并有路缘石和雨水沟		98	98	98	98
	卵石路或砾石路		76	85	89	91
	泥路,天然土路		72	82	87	89
露天地区、草坪、公园、高尔夫球场、水泥地等	条件良好,草覆盖率≥75%		36	61	74	80
	一般条件,草覆盖率50%~70%		49	69	79	84
铺面的停车场、屋顶、车道等			98	98	98	98
商业区	不透水面积占总面积的85%		89	92	94	95
工业区	不透水面积占总面积的72%		81	88	91	93

表 3-21　雨前土壤湿润程度等级划分

雨前土壤湿润程度/AMC 等级	前 5 d 总雨量(mm)	
	休眠季节	生长季节
AMC Ⅰ(干旱)	<12.7	<35.56
AMC Ⅱ(中等湿润)	12.7~27.94	35.56~53.34
AMC Ⅲ(湿润)	>27.94	>53.34

表 3-22　不同 AMC 等级的 CN 值换算

雨前土壤湿润程度			雨前土壤湿润程度		
AMC Ⅰ(干旱)	AMC Ⅱ(中等湿润)	AMC Ⅲ(湿润)	AMC Ⅰ(干旱)	AMC Ⅱ(中等湿润)	AMC Ⅲ(湿润)
100	100	100	27	45	65
87	95	99	23	40	60
78	90	98	19	35	55
70	85	97	15	30	50
63	80	94	12	25	45
57	75	91	9	20	39
51	70	87	7	15	33
45	65	83	4	10	26
40	60	79	2	5	17
35	55	75	0	0	0
31	50	70			

2)径流系数

通过累加可获年降雨总量 P 和年径流深度 D,从而求得径流系数 ψ。

$$\psi = \frac{D}{P} = \sum D_i / \sum P_i \qquad (3-19)$$

3)径流量计算

产流区域内某一次降雨的径流量按照式(3-20)计算:

$$V = 0.001DA \qquad (3-20)$$

式中:V 为该次降雨的径流量,万 m³;D 为该次的径流深度,mm;A 为产流面积,hm²。

4)寿光市城镇径流污染负荷估算

(1)土地类型划分及面积。

根据 2010 年寿光市土地利用类型图,确定寿光市城镇土地利用类型及面积,见表 3-23。

表 3-23　2010 年寿光市城镇土地利用类型及面积

土地利用类型	占地面积(hm²)	所占比例(%)
居住用地	909.33	22.51
交通用地	437.08	10.82
工业用地	1 185.20	29.33
绿化用地	504.06	12.48
公共设施用地	637.56	15.78
未利用土地	367.32	9.09
总计	4 040.55	100.00

（2）径流量计算。

寿光市属暖温带大陆性季风气候区,主要气候特点是:气候温和、光照充足、热量丰富、四季分明、降雨集中、雨热同季。多年平均降水量 579.8 mm,其中最大降水量为 1 217.3 mm(1964 年),最小降水量为 304.2 mm(1981 年)。年内、年际时空分布不均,春季 3~5 月降雨量占 14%,夏季 6~9 月降雨量占 73%,秋后 10 月至次年 2 月占 13%,形成冬春干旱、夏涝、晚秋又旱的典型气候特征。

寿光市降水量年内分布见图 3-5,不同年型降水量年内分布见表 3-24。

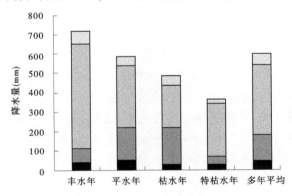

图 3-5　寿光市降水量年内分布

表 3-24　不同年型降水量年内分布　　　　　　　（单位:mm）

分类	丰水年	平水年	枯水年	特枯水年	多年平均
一季度	23.8	36.3	12.1	11.9	30.3
二季度	73.0	168.1	192.3	42.1	135.5
三季度	537.1	315.7	214.6	272.7	357.5
四季度	70.1	47.9	51.0	23.3	56.5
合计	704.0	568.0	470.0	350.0	579.8

（3）不同土地利用类型的 *CN* 值选取。

根据寿光市土地利用类型图将城市用地划分为居住用地、交通用地、工业用地、绿化用地、公共设施用地、未利用土地等 6 类，分别选定不同用地类型和土壤类型的 *CN* 值，结果见表 3-25。居住用地按不透水地面 65% 选取，交通用地按铺面并有路缘石和雨水沟的道路用地选取，工业用地按不透水地面 72% 的工业用地选取，绿化用地按照覆盖率好的草坪、公园选取，公共设施用地按照草地覆盖率一般的草坪、公园选取，未利用地按照不透水地面 40% 选取，具体见表 3-25。

表 3-25　寿光市城镇不同土地利用类型的 *CN* 值

用地类型	B 类土壤		
	AMC Ⅰ	AMC Ⅱ	AMC Ⅲ
居住用地	70	85	97
交通用地	94.8	98	99.6
工业用地	74.8	88	97.6
绿化用地	41	61	79.8
公共设施用地	49.8	69	86.2
未利用土地	57	75	91

采用 SCS 模型公式（2）计算不同用地类型径流深度，并通过全年累加获得年径流深度。在确定土壤湿润程度的过程中，只有绿地考虑了前 5 d 降雨量在生长期和休眠期对土壤湿润程度的不同影响，其他用地类型均按照休眠期的前 5 d 降雨量来确定土壤的湿润程度。由于城市绿地、道路等存在日常清洁、洒水活动，因而各种用地类型均不考虑土壤的干旱状态，即将干旱状态按湿润程度中等处理。通过公式（2）、（3）计算不同用地类型年径流深度及径流系数，结果见表 3-26。

表 3-26　2010 年寿光市城镇不同土地类型年径流深度及径流系数

参数	居住用地	交通用地	工业用地	绿化用地	公共设施用地	未利用土地
径流深度（mm）	282.46	482.04	287.32	31.80	133.18	173.65
径流系数	0.454	0.775	0.462	0.051	0.214	0.279

将寿光市城镇土地利用面积乘以各土地利用类型的年径流深度，即可计算出各土地利用类型的年径流总量，见表 3-27。

表 3-27　2010 年寿光市城镇不同土地利用类型年径流总量

土地利用类型	土地面积 （hm²）	年径流深度 D （mm）	年径流总量 （万 m³）
居住用地	909.33	282.46	256.85
交通用地	437.08	482.04	210.69
工业用地	1 185.2	287.32	340.53
绿化用地	504.06	31.80	16.03
公共设施用地	637.56	133.18	84.91
未利用土地	367.32	173.65	63.79
总量	4 040.55	—	972.80

（4）污染物负荷计算。

由于缺乏 2010 年不同土地利用类型地表径流污染物浓度资料，根据国内相关研究成果，污染物浓度值的研究结果在不同城市和地域间雨水径流水质的统计结果无明显区别，因此借鉴其研究结果，寿光市城镇地表径流的污染物浓度见表 3-28。

表 3-28　寿光市城镇地表径流的污染物浓度

COD(mg/L)	氨氮(mg/L)	TP(mg/L)	TN(mg/L)
191	12	0.8	16

采用地表径流污染物的平均浓度乘以年径流总量，粗略估算 2010 年寿光市各污染物负荷量，见表 3-29。

表 3-29　2010 年寿光市城镇地表径流污染负荷估算

土地利用类型	土地面积(hm²)	COD(t)	氨氮(t)	TP(t)	TN(t)
居住用地	909.33	49.06	3.08	0.21	4.11
交通用地	437.08	40.24	2.53	0.17	3.37
工业用地	1 185.2	65.04	4.09	0.27	5.45
绿化用地	504.06	3.06	0.19	0.01	0.26
公共设施用地	637.56	16.22	1.02	0.07	1.36
未利用土地	367.32	12.18	0.77	0.05	1.02
总量	4 040.55	185.80	11.67	0.78	15.56

二、控制措施

（一）内源污染控制措施

1. 原位覆盖

原位覆盖技术又称封闭、掩蔽或帽封技术，其技术核心是将一层清洁物质覆盖到污染的沉积物表面,将底泥中的污染物与上覆水分隔,从而有效地降低底泥中污染物向水体的释放能力。覆盖技术具有如下功能:通过增加污染物与水体的接触距离,将污染底泥与上层水体物理性阻隔开;覆盖物的覆盖作用可稳固污染底泥,防止其再悬浮或迁移;通过覆盖层中有机颗粒的吸附作用,有效地消减污染底泥中污染物进入上层水体。

覆盖技术中覆盖材质的选择十分关键,一般来说,覆盖材质需安全、不产生二次污染,廉价易获得、经济上可行,施工操作便捷,对污染物的覆盖有效。与覆盖材质覆盖效果密切相关的特性包括:①覆盖材质的粒径,粒径越小,污染物的穿透能力越低,阻隔能力越强;②覆盖材质中有机质含量、比表面积和孔隙率,这些特征与覆盖材料对污染物的吸附能力相关;③覆盖材质的比重或密度,该特性与覆盖材质抗水流扰动、稳固污染底泥的性能相关。

原位覆盖通常采用小粒径的材料,如清洁细沙、腐殖土、黏土矿物等,还可采用方解石、沸石、粉煤灰、土工织物或其他人工材质等。清洁砂子是最常用的污染底泥覆盖材质,在发生营养盐释放的底泥表面覆盖一层30~50 cm厚的清洁砂子,可有效抑制底泥中营养盐(特别是磷)的释放。钙质膨润土也是比较理想的底质封闭材料,若将钙质膨润土投至水底可形成致密的阻隔层,既增强了底泥对磷的吸附能力,又可阻止底泥中的氮、磷的溶出,且对水体的水化学特征无明显影响。粉煤灰最早用于富营养化水体的底质封闭,效果良好,能够减轻富营养化水体底泥污染物的释放。

原位覆盖的厚度与覆盖材质、污染物类型及环境因子相关,但一般都在0.3~1.5 m。以清洁泥沙为覆盖物时,若底泥中污染物以营养盐为主,覆盖层厚度通常为20~30 cm;污染物以有机物为主时,最小覆盖厚度一般需50 cm以上。采用碳酸钙为覆盖材料进行底泥污染物释放控制,覆盖层厚度小于5 cm即可有效阻隔底泥中磷等营养盐的释放。

2. 原位处理

污染底泥原位钝化技术(见图3-6)的核心是利用对污染物具有钝化作用的人工或自

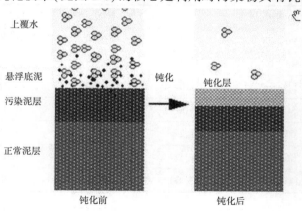

图3-6　污染底泥原位钝化原理示意图

然物质,使底泥中的污染物惰性化,使之相对稳定于底泥中,减少底泥中污染物向水体的释放,达到有效截断内源污染的作用。该技术具有以下主要功能:加入的钝化剂在沉降过程中能捕捉水体中的磷与颗粒物,从而使水体中污染物得到较好的去除;钝化层形成后可以有效吸附并持留底泥中释放的磷,从而有效地减少由底泥释放进入上覆水中的污染数量;钝化层的形成可有效地压实底泥泥层,减少底泥的悬浮。

原位钝化技术中钝化剂的选择十分关键,应考虑钝化剂的安全性、不产生二次污染,能有效钝化污染物,经济上可行且操作便捷。目前,常用的钝化剂有铝盐、铁盐和钙盐。铝盐是应用最广泛、应用最早的钝化剂,铝盐水解形成氢氧化铝的絮状体,一方面去除水体中的颗粒物和磷;另一方面通过在底泥表面形成氢氧化铝的絮状体毯子,有效吸附从底泥中溶出的磷。用铝盐进行处理并在 pH 大于 6 时,对生物无毒性,由于氢氧化铝絮状体对磷的吸附不受氧化还原状态的影响,铝盐能达到较好的处理效果。

铁盐和钙盐通过与磷结合形成难溶沉淀来达到钝化磷的目的,这两种盐对水体安全无毒,但其钝化效果受水体 pH 和氧化还原状态的影响,在 pH 或氧化还原状态改变时磷易重新释放造成污染。

少量的铝盐即可有效去除水体中的磷,但不能有效抑制底泥中磷的释放。通常铝盐作为底泥钝化剂的投药量为 10~30 mgAl/L,考虑到对水体中生物的不良影响,建议最大铝盐用量为 26 mgAl/L,同时根据水体碱度的不同,投加一定量的缓冲剂如铝酸钠、碳酸钠等。用钙盐进行底泥污染的控制时会使水体 pH 明显上升,一般以小剂量为宜,目前实际应用钙盐投加量有 10 mgAlCa/L、27 mgAlCa/L、135 mgAlCa/L。

该方法较多用于底泥中磷的沉淀和钝化,通过钝化延缓内源性磷从底泥中释放出来。在沉淀中通常使用硫酸铝或胶体氢氧化铝共沉淀。沉淀技术发挥作用较快,但难以发挥长效作用,宜作为临时措施使用。如果将大量氢氧化铝投加覆盖在底泥表面,就可以随时吸附任何从底泥中释放的磷或形成铝酸盐,抑制水体富营养化。但投加铝盐价格昂贵,而且由于溶解性铝对水生生物及人体有毒性作用,在对酸性湖泊的处理中会导致物种的减少。投加铁盐则需要保证沉积物的氧化状态,需同沉积物氧化配合作用,因而成本也较高。钙盐,虽然效果不如铝盐和铁盐,但其来源广、成本低、对环境的潜在危险小。

3. 底泥疏浚

底泥疏浚是目前控制内源污染所采用的一种比较普遍的做法。主要是将高营养盐含量的表层沉积物质,包括沉积在底泥表面的悬浮、半悬浮状的由营养盐形成的絮状胶体或休眠状态的活体藻类或藻类残骸、动植物残体等清除。

目前较多采用的环保疏浚技术是最有效、应用最广泛、成熟的污染底泥控制技术之一。该技术的核心内容是利用专业疏挖设备有效清除水体的污染底泥,并通过管道将污染底泥输送至堆场进行安全处置。与单纯地疏通河道、增加水体容积的工程疏浚不同,环保疏浚以精确清除污染底泥层、创造水体生态修复条件为目标,施工层的超挖深度精确控制在 10 cm 以内。

疏挖深度的确定应综合考虑清除内源性污染、控制巨型水生植物的生长以及有利于生态恢复等问题。疏浚设备的选择需要考虑设备的可得性、项目时间要求、底泥输送距离、排放压头以及底泥的物理和化学特征等。疏浚后的底泥应根据治理和开发相结合的原则,充分加以利用,如建立滨湖、滨河绿化带,场地造景,开发旅游资源,无害化处理后作为林地肥料制造聚合物及废弃物复合材料,建筑墙体材料等。

上述底泥污染控制技术有其不同的优缺点及适用条件(见表 3-30)。环保疏浚技术具有工艺较复杂、费用较高、疏挖过程中对底泥干扰较大、污泥输送过程可能存在着一定的环境风险、底泥异地处置需要占用一定面积的场堆、后续监测费用较高等缺点,适用于经济实力较强地区局部污染水体底泥污染的控制,对经济实力不强、无处置场地或小区域污染底泥的情况,不适用该技术。原位覆盖技术一般需要覆盖至少 30 cm 厚的覆盖物,覆盖后会减少水体的有效容量,一般适用于中深水体,在浅水水体尤其是浅水湖泊不太适用。原位钝化技术受水流扰动影响较大,加入化学试剂具有一定的生态风险,一般适用于风浪影响不大、非饮用水源地功能水体底泥污染的控制。

表 3-30　三项技术的优缺点与实用性比较

技术	优点	缺点	费用效益	适宜实施条件
原位覆盖	不移动底泥、扰动小;覆盖后保持较稳定的化学和水力条件;某些覆盖材质对污染物兼有吸附功能;适用于营养盐、重金属、POPs 等多种污染的底泥	污染物留在原处,不能彻底解决污染问题;覆盖后减少库容;不能大面积实施;不利于生物多样性;易受强水流或风浪等侵蚀	根据我国其他地区工程经验,包括砂子、运输、覆盖施工费用等,按照覆盖厚度 50 cm 计,其工程造价为 100 元/m² 左右	须在控源后实施;适用于覆盖材料易获得而疏浚费用特别高或堆场不易找到的中深水体局部区域;要求水体水力条件不冲蚀覆盖层且底部地形能支持覆盖层
原位钝化	不移动底泥,扰动较小;有效减少底泥的悬浮;适用于磷或重金属污染的底泥	化学药剂加入需考虑生态风险;原位加药不均匀,处理效益不一致;环境因子如水流、水文影响处理效果;该技术尚不成熟,尤其是对氮、磷以外的污染物;水流扰动影响钝化效果	费用仅为疏浚的 1/5~2/3,对污染物的钝化效率高达 50%~90%	须在控源后实施;适用于非水源地水体或局部重污染水体;要求现场水力条件不冲蚀钝化层
环保疏浚	增加库容;彻底清除内源污染并进行异地处置,效果好;适合除挥发性污染物外的多种污染物的去除;技术较成熟	底泥异地堆放或处置,需长期监测;较难清除细颗粒带来的二次污染;随污染底泥带走底栖生物;疏浚过程排放臭气,影响周围环境	包括污染底泥疏挖、堆放、处置的综合工程造价 30~50 元/m³ 不等	须在控源后实施;适用于较好的底泥堆放条件,堆放场征地费不太昂贵的重污染水体

(二)面源控制措施

1.农村河道综合治理工程

控制面源污染,重点实施以农村垃圾资源化利用、污水和人畜粪便等废弃物资源化利用、减少污染物排放为主要内容的河道综合治理工程。主要治理措施包括河道清淤、河道生态净化、生活污水厌氧净化池、生活垃圾发酵池、田间垃圾收集池和乡村物业服务站等。

1)河道清淤和生态净化

河道清淤内容包括滩地阻水障碍物清除,滩地清淤,修建枯水河道、常规河道和行洪河道结合的复式河道,人工增加河道纵断面比降的多样性使急缓流结合,人工增加河道的蜿蜒度使浅滩与深泓结合,增加河道栖息地空间异质性。在滩地整治的时候,采取复合不对称横断面,加速水流发散和泥沙淤积过程,促进边滩、弯曲段和栖息地单元的形成,诱导河床恢复到更加自然的动态平衡地貌状态。

生态净化主要在河道中修建拦水设施形成连续水面,既满足景观、生态需求,又可以为周边农田提供灌溉水源。利用河道内的滩地、低洼地以及深槽和浅滩等,设置生态湿地,种植芦苇、蒲草、风车草和美人蕉等净化水质植物,利用湿地的物理吸附、化学降解和生物分解能力,构筑水质净化的防线,同时增加生物栖息地单元,促进河道生物多样性恢复和生态环境良性循环。农村河道清淤和生态净化建设模式如图3-7所示。

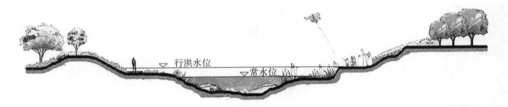

行洪水位　　　常水位

图3-7　农村河道清淤和生态净化建设模式

根据寿光市实际状况,农村河道生态治理主要包括14条河流,分别为塌河8.6 km、织女河9.8 km、阳河9.5 km、益寿新河27.8 km、西张僧河36.9 km、丹河49 km、桂河16.5 km、张僧河东支35.4 km、龙泉河7.4 km、乌阳沟14.5 km、王钦河11.5 km、伏龙河20.5 km、跃龙河9 km、崔家河支流25.3 km。

2)生活污水厌氧净化池和生活垃圾发酵池

农村生活污水主要来自农家的厕所冲洗水、厨房洗涤水、洗衣机排水、淋浴排水及其他排水等。生活污水含纤维素、淀粉、糖类、脂肪、蛋白质等有机类物质,还含有氮、磷等无机盐类物质。

生活污水厌氧净化池是一个集水压式沼气池、厌氧滤器及兼性塘于一体的多级折流式消化系统。该处理系统工艺流程简单、出水水质好、抗冲击力强,无须采取人工曝气、污泥回流、混合搅拌等措施,运行管理简单,具有"三低一高"(基建费低、运行费低、维护费低和处理效率高)的特点,非常适合农村农户分散处理厨房、洗浴房以及水冲式厕所产生的污水。在农村分户修建生活污水暗排沟,建造生活污水无动力厌氧净化池,对农村生活污水进行无害化处理,处理后的生活污水可作为农田灌溉,或者结合植物缓冲带处理和土壤渗滤处理后达标排放。

通过修建生活垃圾发酵池对垃圾、秸秆、畜禽粪便等有机废弃物进行无害化处理。生活垃圾发酵池具有处理时间短、运行费用低、操作简单等特点。发酵池可设置在太阳能大棚内,充分利用太阳能大棚的吸热、保温功能保证物料发酵所需温度,使垃圾发酵设施实现一年四季连续运行。

3) 田间垃圾收集池

在田间建设垃圾收集池,作为化肥、农药、除草剂等农业投入品包装袋(瓶)和废弃的地膜、塑料袋的收集点,使田间垃圾得到定期收集、清运,集中处理。

田间垃圾池应设置在通行便利且不方便机械化田间作业的地方。垃圾池容积可根据场地大小及实际需要设计。为防止有毒、有害成分渗入土壤,垃圾池底部应做防渗处理。

4) 乡村物业服务站

通过政策引导、项目带动,建立以村委基本单位、农户为基本服务对象的乡村物业服务站。乡村物业服务站主要负责生活污水厌氧净化池、生活垃圾发酵池、田间垃圾收集池等设施的运行、维护与管理工作。物业服务站应确定专门人员和岗位职责,配备必要设备与工具,提供专门场所供物业服务人员休息和放置垃圾清理车等设备工具。

物业服务站全面负责乡村清洁工程设施设备的运行、维护与管理。由经过培训的1~3名具有一定技术技能、善协调、有诚信、能吃苦的人员组成物业化服务队,与农户签订管理与服务协议,专门负责物业管理和服务。具体职能如下:

(1)技术指导与服务。负责生活污水厌氧净化池、生活垃圾发酵池、田间垃圾收集池等设施的建设、使用与维护的技术指导工作。

(2)公共设施的运行与维护。负责本村生活污水厌氧净化池、生活垃圾发酵池、田间垃圾收集池等设施的日常运行与维护工作。

(3)制度建设与实施。负责制定本村垃圾处理设施、污水净化设施等设施与设备的操作技术规程;负责建立村规民约及奖勤罚懒的机制,明确村民的责任和义务,强调"勤勉、自助、合作"精神;同时负责相关制度执行情况的监督与坚持。

2. 农田氮磷流失生态拦截工程

农业氮磷流失生态拦截工程主要先清除垃圾、淤泥、杂草,沟渠塘岸边种植垂柳、草被植物,侧面和底部搭配种植各类氮磷吸附能力强的半旱生植物和水生植物,减缓水速,促进流水携带颗粒物质的沉淀,有利于构建植物对沟壁、水体和沟底中逸出养分的立体式吸附和拦截,从而实现对农业面源污染排出养分的控制。主要工程措施有以下几部分。

1) 沟渠改造

实行灌排分离。首先充分利用现有灌区排水沟渠,然后针对不同灌区的排水特点,对其进行一定的工程改造,合理设计生态沟渠的规模与形式。

一般情况下,渠体的断面为等腰梯形,沟壁和沟底均为土质,配置多种植物,并设置透水坝、拦截坝和节制闸等辅助性工程设施,使之在具有原有排水功能的基础上,增加对排水中氮、磷养分的拦截、吸附、沉淀、转化和吸收作用。生态沟渠建设可考虑适度增加沟渠的蜿蜒性,延长排水时间。建设密度应能满足排水和生态拦截的需要,分布在田间周围与农田区外的沟渠连接起来,并利用地形地貌将低洼地或者弃养鱼塘改造成生态池塘,种植吸收氮磷的水生蔬菜,增加二次或三次净化,进一步提高系统的生态拦截能力。

2) 植物配置

生态拦截沟渠的植被可由人工种植和自然演替形成,沟壁植物以自然演替为主,人工种植对氮磷营养物质吸附能力强的植物,生长旺盛,可形成良好的生态景观,如多年生狗牙根、三叶草、黑麦草等;沟底可全年种茭草、马来眼子菜、金鱼藻等沉水植物,也可在夏季种植茭白、空心菜等,秋冬种植水芹菜。

3. 农药和化肥减施措施

结合面源综合防治要求,全面落实并实施农药和化肥减施工程。发动全市广大农户进行测土配方施肥,大力使用配方肥,推广使用商品有机肥,扩大绿肥种植面积。

加快推进高效新剂型农药替代低效老剂型农药,同时实施喷药机具的更新和换代,提高农药喷洒的效率。

4. 农村固体废弃物资源化利用措施

农村固体废弃物的成分很复杂,包括生活垃圾、农业及养殖业废弃物、工业固体废弃物、建筑垃圾等。应针对不同废弃物的特点,有区别地进行处理,实现资源化利用。比如,加大沼气建设,发展农村沼气。这样可以在解决群众生活用能的同时,带动养殖业和高效种植业的发展。不仅提高了农产品质量和产量,而且从各个方面直接或间接促进了农村经济的发展。食物性的垃圾进行生态堆肥。塑料橡胶、废铜烂铁、玻璃制品可以通过回收公司进行再生利用;不能回收的碎砖石块等固形物建筑垃圾作为建筑道路填充物铺垫填埋。

5. 畜禽养殖场废弃物处理利用措施

畜禽养殖场废弃物处理利用方式主要有如下三种。

一是可作畜禽粪污还田作为肥料,这种方式最为传统和直接,可以使畜禽粪尿不排向外界,达到零排放。畜禽家庭分散户养方式的粪污可采用这种处理方式。

二是自然处理方式,主要采用氧化塘、土地处理系统或人工湿地等自然处理系统勾兑养殖场废水进行处理。

三是工业化处理方式,这种方式需要通过建立一系列的处理系统,包括预处理、厌氧处理、好氧处理、后处理、污泥处理及沼气净化、储存与利用等几部分,其需要较为复杂的机械设备和要求高的建筑物。这种处理模式,对于规模较大的养殖户较为适用。

6. 农业面源污染监测体系建设

农业面源污染监测体系在我国尚处于起步摸索阶段,结合国内外为数不多的案例,寿光市农业面源污染监测体系建设主要包括以下内容。

1) 定位监测点建设

寿光市农业面源定位监测点位设为自动在线监测点和人工监测点两种。

(1) 自动在线监测点。主要根据畜禽、种植业等不同种养方式,在大型养殖户和农业(粮食、蔬菜)集约化种植区建设自动在线监测点。

(2) 人工监测点。根据畜禽、种植业等不同种养方式,在寿光市各乡(镇)设立重点定位监测点和一般定位监测点,作为常规监测。重点定位监测点和一般定位监测点,在监测指标、监测频率方面有所区别。

（3）径流池和收集池。在种植业监测点建设径流池，每个监测点建设 2 个径流池；农田排水汇水区和养殖业监测点建设收集池，每个监测点建设 2 个收集池。

2）实验室平台能力建设

实验室平台能力建设主要包括实验室场地的建设、监测仪器设备添置以及技术人员的培养等方面。设立固定的房间，作为农业面源污染在线和人工取样化验的场所；根据工作任务、工作量的需要，配备仪器设备；重视对专业监测人员业务能力的培训和提高。

3）监测信息平台建设

根据自动监测业务能力的要求，开展信息化平台建设，包括数据采集、传输、汇总、处理等软件和硬件建设。

第四章 水生态保护

水生态是指在一定的生态区域内,自然水体与生物群落共存,并相互依存、相互作用的状态,是生态系统的重要组成部分。水生态系统包括两方面的内容:一是水的自然循环生态系统,也就是自然界中各种形态的水由于自然因素和人为因素的影响,处于不断运动和相互转化的过程中形成的动态平衡系统;二是河流湖泊生态系统,由水流、河道、湖泊、滞蓄洪区、滩地、沿河土地以及水中和陆地上的生物所构成的一个完整的生态系统。

水系生态建设要重点做好两个方面的工作:①要保护好水生态系统。对水体及涉水部分进行保护,使其质量不再下降,同时保护水系和河流的自然形态,对水中生物进行保护,保护生物多样性和水生物群落结构,保护本地历史物种、特有物种,保护生物栖息地,同时要保护好水文化。②修复水生态系统。对已经退化或受到损坏的水生态系统进行修复、恢复,遏制退化趋势,使其转向良性循环,保护和修复同时进行,保护推动修复,修复促进保护。

第一节 水系生态建设现状分析

寿光市历来高度重视水系生态建设工作,在水系生态景观治理、生态湿地、水利风景区建设、水土保持建设等方面取得了一系列重要成就。

一、水系生态景观治理工程建设现状

近年来,寿光市加强了水利工程建设,先后累积投资 3 亿多元,整修河槽、修筑两岸顺河路 19 km,浆砌石护岸 18 km,堤顶道路硬化 26.5 km,先后在弥河修建了寒桥拦河闸、王口拦河闸、纪台橡胶坝、杨庄橡胶坝等拦河闸坝 6 座,使弥河流域内拦蓄水面面积达到 1 500 万 m^3,蓄水量达 4 000 万 m^3。形成了水库连水库,瀑布连瀑布,连绵不断、浩荡宽阔的水面,并在顺河路两侧栽植了垂柳、合欢等绿化树种,构建了"大水面、大空间、大绿地"格局。

另外,已建成的滨河大道观光带和自然湿地,集美化、休闲和生态建设于一体,极大地提升了弥河的自然风貌。同时,作为寿光市东部最大的一条排洪除涝河道水系的丹河综合治理工程基本完工。

二、生态湿地现状

整个寿光市处于海陆交界、淡咸水交汇地带,浅海滩涂面积宽阔,多风暴潮等海洋活动,历史上河道变动频繁,加上近期人类生产活动又日益活跃,沿海开发了大片盐田和虾、蟹等养殖场,由此陆地、海洋及人类活动交互作用下的复杂动力机制造就了寿光市独特的湿地生态系统。

寿光市湿地总面积约 11.66 万 hm^2,其中天然湿地面积约 5.91 万 hm^2,占湿地总面积的 50.68%;人工湿地面积约 5.75 万 hm^2,占总面积的 49.32%。湿地类型中天然湿地与

人工湿地的比例大体相当,具体类型以滨海及河口湿地(占 41.69%)、盐田(占 26.00%)、人工为主,其他类型湿地所占比例较小,如虾、蟹池占 4.57%、苇地沼泽占 3.98%、河流湿地占 3.21%、湖泊湿地占 2.14%。寿光市湿地系统的构成详见表 4-1。

表 4-1　寿光市湿地系统的构成

分类	湿地类型	面积(hm²)	所占比例(%)
天然湿地	河流湿地	3 738.31	3.21
	湖泊湿地	2 500	2.14
	沼泽湿地	4 246.19	3.64
	滨海湿地	48 600.6	41.69
	小计	59 085.1	50.68
人工湿地	水库	478.81	0.41
	沟渠	10 745.37	9.22
	湾塘	10 223.27	8.77
	盐田	30 316.8	26.00
	虾、蟹池	5 333(静水面面积)	4.57
	人工芦苇湿地	400	0.34
	小计	57 497.25	49.32
总计		116 582.35	100

三、水利风景区建设现状

寿光市弥河水利风景区位于寿光市区东部,以弥河水面为依托,南北全长 26.5 km,总面积 22 km²,其中水面面积 15 km²。近年来,寿光市为提升弥河沿岸景观档次,在保持弥河沿岸原有地形地貌、河流水体的基础上,依托弥河自然水体先后建设了国家 AAAA 级旅游景区生态农业观光园和滨河城市湿地公园等旅游景区。景区以弥河为线,以河滩坡地的自然特征、花城风情的人文特征为媒介,充分融入自然生态的审美价值和现代城市生活的服务功能,形成特有景观结构。蔬菜博览区、花城风采区、林果绿洲区、水上游览区及国际划艇俱乐部、景观墙、步石园路、亲水平台、漫滩及木栈道,为游人亲近自然水岸创造了良好的环境。

另外,在弥河西岸建设了集休闲、餐饮、娱乐于一体,具备浓郁欧式风格的休闲别墅区——"欧洲村"。同时,建设了占地 500 亩的中华牡丹园,种植名贵牡丹 900 多个品种 30 余万株,并搭配种植各种名贵花卉近百个品种,形成了以牡丹为主,三季有花,四季常青,长年有景,层次丰富的园林景观。

四、水土保持建设现状

寿光市属于平原风沙区,近年来,寿光市加大了寿北风沙区水土流失的治理步伐,五年间共投入治理资金 730 万元,完成农田林网 11 万亩,林粮间作 5.8 万亩,成片造林 12 万亩,建设水工建筑物 360 座,完成土石方 700 万 m³,投入工日 175 万个,治理水土流失面积 108 km²,通过水土保持治理,有效地防治了水土流失,改善了寿北风沙区的农业生产条件和生态环境。同时,寿光市大力加强小流域综合治理工作,多方筹集资金,先后有多处流域投资立项开工建设。

第二节 水生态保护与修复目标

一、指导思想

寿光市水系生态建设要紧密结合寿光市水系生态特点和现代水利的发展需求,以科学发展观为统领,全面贯彻落实新时期治水思路,牢固树立经济、社会、人文、自然和环境协调发展理念,以促进人与自然和谐相处、保障河道防洪安全和维护河流健康为主线,以河道综合治理和水系生态修复为重点,改变以往以防洪减灾为主的治理模式,向集防洪排涝、水资源利用、水质保护、水生态修复、滨水景观建设于一体的统筹治水模式转变。

遵循多功能性原则,综合采取工程、技术、管理和生物控制等措施,以构建寿光市"水宁、水丰、水清、水活、水美"人水和谐的生态健康水系为目标,按照"河畅、水清、岸绿、景美、便民"的要求进行水系综合治理,以有效地改善寿光市河流水系生态环境质量,为寿光市社会经济可持续发展提供保障,促进水利行业的健康持续发展和现代化进程。

二、保护和修复目标

在详细了解寿光市水系生态现状的基础上,结合城市发展和区域经济发展布局,以弥河流域、小清河流域综合治理为重点,全面推进寿光市生态河道治理、小流域综合治理、水源地保护和地下水保护等工程建设。在保证水安全的基础上,统筹兼顾防洪排涝、水资源利用、水质保护、水生态修复、滨水景观建设等各方面的关系,打造寿光市健康和谐的水系生态网。以显著提高寿光市防洪减灾能力、水资源保障能力,改善水系生态环境,提升环境承载能力,构建起完善的水系生态保护体系,为寿光市社会经济可持续发展提供必要的支撑和保障。

第三节 水生态系统保护与修复总体布局

由于寿光市没有列入国家和省重要江河湖泊水功能区划的重点敏感水域,以及国家级或省级自然保护区、国家级水产种质资源保护区等涉水的重要敏感区水域。因此,本次根据寿光市水文地质特征、河流湖泊湿地等水域的空间分布特点,提出以引黄济青输水干渠为分界线,干渠以南布局结构为一体两翼,生态补水;干渠以北为防潮防浪,湿地修复的水生态系统保护与修复总体布局。

一体两翼,生态补水:主要指的是通过水系连通工程,修建引弥西干渠入益寿新河工程、引弥东干渠入丹河工程和弥河,实现弥河向其他河流的生态补水。

防潮防浪,湿地修复:主要指的是北部沿海海岸防护带工程建设、滨海湿地海洋特别保护区、巨淀湖湿地公园和入海口湿地公园建设。

第四节　水生态系统保护与修复措施

一、生态补水工程

根据全市水资源供需分析情况,因地制宜、因水制宜、量水而行,布局水系连通工程。主要包括外调水与本地水的连通,河河相连、河湖相连、河库相连、库库相连和河渠相连等形式。

(一)潍坊北部水网工程

潍坊市实施的北部水网"二横六纵"工程,在寿光市境内有"一横二纵"。"一横"为潍坊市的"南一横"部分,主要沿新海路引黄济青旁的排水沟开挖东西向的人工河道,开挖长度 16 km,连通丹河与弥河两条河流。新开人工河底宽 20 m,平均开挖深度 3 m,梯形断面边坡 1:2,人工河两侧各留 6 m 宽道路。"二纵"涉及寿光市的弥河和丹河两条河道,治理长度 35 km,在弥河上建设拦闸坝 6 座。寿光市北部水网如图 4-1 所示。

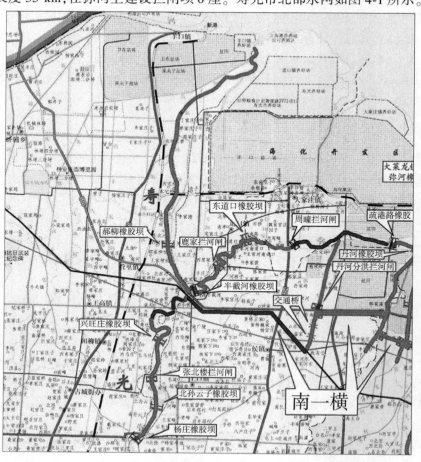

图 4-1　寿光市北部水网

(二)引弥东干渠入丹河工程

对弥河中部的原引弥东干渠进行扩挖衬砌改造,使弥河与丹河相连通,总长度6.1 km。

(三)弥河、塌河北部连通工程

扩挖连通普五路沟与联四路沟,使其与营子沟相连通,使塌河与弥河相连通,实现弥河水、黄河水、长江水的联调。并开挖弥河至新港水库的送水渠2 km,调引小清河水、弥河水、黄河水、长江水至新港水库。水系连通工程布局见图4-2、表4-2。

图4-2 寿光市水网连通示意图

表 4-2　寿光市水系连通工程布局

序号	工程名称	主要内容	主要功能
1	潍坊北部水网工程(寿光境内)	开挖丹河至弥河的连通河,治理丹河与弥河段	工程建成后,每年调蓄两次,最大年调蓄水量 2.8 亿 m³,补充潍北地区水资源量
2	引弥东干渠入丹河工程	扩挖引弥东干渠连通弥河与丹河	为丹河下游灌区补充水源
3	弥河、塌河北部连通工程	清淤开挖现有路沟和营子沟连通新塌河与弥河	打通弥河与塌河下游通道、调水至新港水库

二、重要生境保护与修复

(一)海岸防护带工程布局

1. 防潮堤工程现状

寿光北部滩涂广阔,地势平坦,海岸线长 56 km,滩涂面积 25.5 万亩,是全国有名的海水养殖基地和全国最大的盐及盐化工基地。防潮堤建设工程较完整,除寿光连接滨海段 2.71 km 外,不存在其他无堤段,总长度 94.07 km。但是现有大部分防潮堤防洪标准和质量都比较低,土质松散,防御能力差,很难抗御大潮侵袭。2001~2010 年间,寿光市先后多次投资进行防潮堤建设。

2. 防潮堤布局

按照防潮堤、生态防护林带、生态河和河口湿地四位一体的模式建设寿光市海岸防护带,如图 4-3 所示。

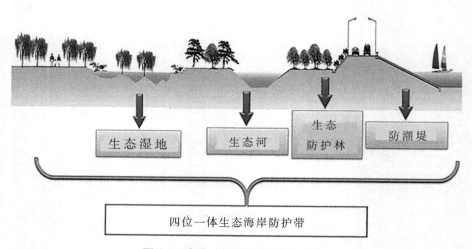

图 4-3　海岸防护带工程断面示意图

　　防潮堤按 50 年一遇标准,采用重力式浆砌石墙形式。结合潍坊市水网建设布局,在非城区的滩涂等有条件的防潮堤外侧,开挖一条集蓄淡压咸、排涝排碱、灌溉供水、交通运输、生态防护林带等多功能于一体的环海岸大型生态河道,通过采取蓄、灌、排、控等措施,逐步形成一条地下咸淡水分界线,以确保区域内土地资源高效生态开发利用。防潮堤布局见表 4-3、图 4-4。

表 4-3　寿光市沿海防潮堤工程布局

序号	工程内容	建设性质	建设时间	备注
1	新建寿光连接滨海段防潮堤 2.71 km	新建	近期	
2	对小清河南堤新塌河至养口西陀基段 22.4 km 防潮堤进行护坡加固	加固	近期	
3	对羊口镇区段 6.37 km 防潮堤进行堤顶拓宽加高、护砌加固	加固	近期	
4	对羊口镇以东至营子沟段 12.5 km 防潮堤进行堤顶扩宽加高、护砌加固;建设挡潮闸一座	加固	近期	已列入计划
5	老码头至弥河分流段新建防潮堤 7 km,建设弥河分流挡潮闸 1 座	新建	近期	正在实施
6	对小清河北部羊口虾场段 18.0 km 防潮堤进行堤顶拓宽加高、护砌加固	加固	远期	
7	对弥河分流以东营里段 17.8 km 防潮堤进行堤顶拓宽加高、护砌加固	加固	远期	
8	对 35 万 t 盐场段 17.0 km 防潮堤进行堤顶拓宽加高,护砌加固	加固	远期	

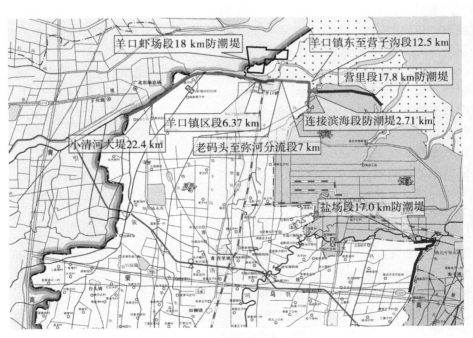

图 4-4　寿光市防潮堤布局图

(二)生态湿地建设

湿地从大类上可划分为天然湿地和人工湿地。天然湿地指的是自然条件下形成的河流、湖泊、沼泽、海岸等未经人类活动干扰的湿地。人工湿地是由人工建造和控制运行的与沼泽地类似的湿地,主要利用土壤,人工介质,植物、微生物的物理、化学、生物三重协同作用,可以对污水进行处理。

1. 生态湿地保护与修复思路

(1)保护现有湿地,不随意改变、破坏湿地面貌。湿地作为一个地貌类型,在维护自然生态平衡中发挥着不可替代的作用。湿地一经改变,就会使得原有的部分生物绝迹。在湿地的开发利用活动中,要注意增加科技投入,加强保护,杜绝毁坏湿地的建设活动。

(2)根治污染,改善水体质量。近年来,随着城市化、工业化的发展,湿地所承担的污染负荷也有所加重。应严格管理污染项目的开工建设,对原有的污染源必须从根本上加以治理,不符合排放标准的污水坚决不准排放,才能从源头上改善水体质量。

(3)增加景观,在保护的基础上丰富旅游资源。建设广场、观鸟台、景观步道、景观栈道及服务设施等,不仅与自然美景相融合,而且为广大市民领略湿地风光、认识湿地、了解湿地、提高公众生态意识提供一个良好的平台。

(4)植被多样化和乡土化。植物是生态系统的基本成分之一,也是景观视觉的重要因素,植物的配置设计是湿地设计的重要一环。一方面,应考虑植物种类的多样性,多种类植物的搭配不仅在视觉效果上相互衬托,形成丰富的植物景观层次,对水体污染物的处理也能够互相补充;另一方面,尽量采用本地的植物,恢复原有湿地生态系统的植物种类,尽量避免外来种。

(5)水岸处理自然化。科学合理和自然化的水岸处理,对建设多样化的湿地景观作用重大。自然式护坡就是要求护坡工程便于鱼类及水中生物的生存,景观效果尽量接近自然状态。自然式护坡的做法一般有捆笼木桩护坡、编条木桩护坡、块石柳根护坡等,洪水冲刷严重的河段,可做成台阶式的复式护坡,并部分使用自然式护坡。

(6)设施建造生态化。应严格控制湿地内及周边区域建筑数量和规模,少建餐饮娱乐等服务设施,多建利于动植物生息繁衍的生态性建筑。多设置无人干扰的水上岛屿、鸟巢及保留石缝石滩昆虫栖息地等,给生物留一处乐土。多建设有利于普及湿地保护知识的科普宣传设施,如观景塔、休闲廊架、亲水平台等。

2. 湿地修复技术

根据湿地的构成和生态系统特征,湿地的生态修复可概括为:湿地生境修复、湿地生物修复和湿地生态系统结构与功能修复3个部分,相应地,湿地的生态修复技术也可以划分为3大类。

1)湿地生境修复技术

湿地生境修复的目的是通过采取各类技术措施,提高生境的异质性和稳定性。湿地生境修复包括湿地基底修复、湿地水况修复和湿地土壤修复等。湿地的基底修复是通过采取工程措施,维护基底的稳定性和湿地面积,并对湿地的地形、地貌进行改造。湿地水况修复包括湿地水文条件的修复和湿地水环境质量的改善。湿地水文条件的修复是通过疏通水系等水利工程措施来实现的;湿地水环境质量改善技术包括污水处理技术、水体富营养化控制技术等。土壤修复技术包括土壤污染控制技术、土壤肥力修复技术等。

2）湿地生物修复技术

湿地生物修复技术主要包括物种选育和培植技术、物种引入技术、物种保护技术、种群动态调控技术、种群行为控制技术、群落结构优化配置与组建技术、群落演替控制与修复技术等，增加生物物种数量，丰富种群结构。

湿地修复技术如图4-5所示。

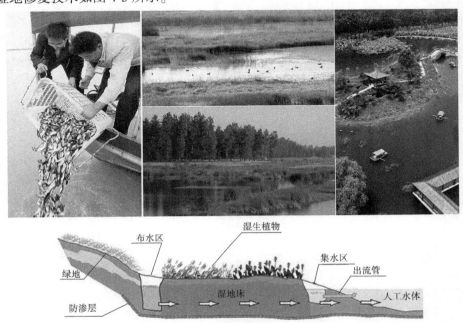

图4-5　湿地修复技术示意图

3）生态系统结构与功能修复技术

生态系统结构与功能修复技术主要包括生态系统总体设计技术、生态系统构建与集成技术等。湿地生态修复工程首先是对水域实施疏浚连通以及退耕还湿工程和湿地水域面积，增加湿地蓄水量。其次，对水域驳岸实施生态护坡和湿地植物栽种工程，并兼顾景观开发。

（三）工程布局

1）滨海湿地海洋特别保护区

拟建设的滨海湿地海洋特别保护区位于莱州湾西南角、小清河入海口北岸，东西长8 000 m，南北宽1 500 m，面积为180.9 hm^2。该区保护对象主要为芦苇、碱蓬、沙蚕等海洋资源和滨海湿地生态系统，由于该流域水系的冲击，形成由水域滩涂、芦苇沼泽、湿草甸构成的典型海岸河口湿地生态环境。

2）巨淀湖湿地公园

拟建设的巨淀湖湿地公园位于寿光市西北部，坐落于潍坊、东营两地级市交界处，湖区面积3万亩。该湿地建设以生态修复为主旨，结合现有巨淀湖湿地红色旅游开发建设，依托现有湖内水道，并在湖内就地取土，堆成隔堤，采用表面流人工湿地工艺，再通过挺水植物、浮叶植物和沉水植物的优化配置,构建一个具有生物多样性、水质净化能力的湿地生态系统;以公园内现有水系为依托,建成了由桥、小岛、荷花池以及木栈道组成的特色景点。并结合该区内已经建好的马保三纪念馆、抗日英雄纪念碑等多处景点,力图将巨淀湖打造成一处集湿地旅游、水上娱乐、休闲度假、红色旅游于一体的湿地公园。

3)入海口湿地公园

拟建设的入海口湿地公园位于小清河入海口段,面积 1.36 km²。主要由小清河流域、天然芦苇生长区、生态旅游区、近海海域、近海滩涂等构成,以保护水资源、天然芦苇、近海海域、近海滩涂、生态旅游等为重点。设计该地块保留大片滩涂,建设部分控制性建筑物、修桥梁、闸、甬道、简易码头、休息亭,沿海岸线建设木栈道和海鸟园,建设望海楼和设施一流的钓鱼台,通过设计改造,成为以滨海生态休闲、度假、观光、科普学习为一体的入海口湿地公园。

第五章 地下水资源保护

第一节 基本要求与总体布局

一、基本要求

（1）浅层地下水分区为浅层地下水二级功能区。深层承压水分区为存在深层承压水开采的水资源二级区套地级行政区。

（2）地下水资源保护布局要与《山东省水资源综合规划》、全山东省地下水利用与保护规划等已有成果相协调、衔接。

（3）浅层地下水是指与当地大气降水和地表水体有直接水力联系的潜水以及与潜水有密切水力联系的承压水。深层承压水是指埋藏相对较深，与当地大气降水和地表水体没有密切水力联系且难以补给的承压水。

二、地下水保护总体布局

（一）地下水开采总量控制

针对寿光市不同类型地区地下水的特点和存在问题，根据地下水功能定位，以《山东省水资源综合规划》确定的强化节水措施和生态环境保护措施条件下的水资源配置成果为基础，按照地下水保护与可持续利用的要求，统筹考虑、综合平衡寿光市地下水可开采量和天然水质状况、经济社会发展对地下水开发与保护的需求、生态环境保护的要求等，以实现地下水采补平衡和可持续利用为目标，合理进行地下水开采总量控制。

（二）地下水水质保护

结合目前寿光市水质现状及其功能要求，提出地下水水质保护的总体布局。对实际水质状况好于其功能标准要求的区域，要按照高标准要求继续予以保持；对于目前已经处于临界边缘的，要加强保护力度，防止出现影响其功能发挥的水质恶化趋势；对于由于超采和污染等原因导致地下水水质恶化，而使其功能不能正常发挥的地区，要考虑需要与可能加以治理，逐步改善地下水水质；受技术经济等条件影响，通过各种措施也难以达到水质目标要求的区域，必要时要调整其使用功能，避免对人民健康造成危害。

（三）地下水位控制

根据地下水的环境地质功能保护、地表生态保护和开发利用对地下水位控制的要求，制订地下水位控制总体方案。

第二节　地下水超采治理与修复

一、地下水超采治理与修复原则

（1）科学布局，综合治理。从地下水超采区水资源条件和实际状况出发，结合当地经济社会发展和生态建设需要，科学规划地下水资源开发利用总体布局，明确不同阶段地下水超采区控制和治理的目标和任务，提出具体治理实施方案。建立相应的管理体制、法制和机制，采取合理的综合保障措施。

（2）突出重点，全面推进。以地下水严重超采区为控制和治理的重点，加大投入，加快治理，通过工程措施与非工程措施并举，使地下水严重超采区的超采形势得到明显改善。以点带面，兼顾推进一般超采区的控制和治理。加强地下水动态监测，采取有效措施，防止出现新的地下水超采区。

（3）合理配置，加强调控。超采区地表水与地下水应进行联合调度与合理配置。优先利用地表水，严格限制开采地下水，充分利用其他水源（拦蓄雨水、污水处理回用、海咸水利用等），同时采取调整用水结构、调整水价等多种宏观调控手段，促进水资源配置结构趋于合理，逐步控制地下水超采。

（4）总量控制，计划开采。加强超采区水资源的统一管理，以实现地下水采、补平衡为目标，根据各地实际，实行超采区地下水年度取用水总量控制和定额管理，采取综合措施，实行计划用水，强化节约用水。

二、地下水超采治理与修复

为治理地下水超采，修复地下水环境，需要在强化节水的前提下，合理配置各类水源，统筹考虑当地地表水、地下水、外调水和其他水源的利用，加强替代水源工程建设，将替代水源输送到需要压采地下水的用水户，减少地下水开采量，削减地下水超采量，使地下水含水层逐步达到采补平衡。

在强化节水的条件下，需要利用可能取得的外调水、当地地表水、再生水、微咸水等各种水源来替代超采区地下水开采，逐步实现地下水的采补平衡，实现地下水超采治理目标。

第三节　地下水资源保护措施

一、地下水超采治理工程

（一）替代水源工程

目前寿光用水主要依靠地下水，但是又存在地下水严重超采、咸水入侵严重、水资源污染严重、用水量成倍增加而节水率仍较低等问题。随着经济和社会的发展，寿光市水资源供需矛盾日益突出，水资源总量不足已成为制约城市发展的主要因素。

可通过中水回用、雨水集蓄利用、海水淡化等供水渠道缓解水资源供需矛盾。

1. 中水回用

截至目前,寿光市已建14座污水处理厂,设计处理能力34.48万 m^3/d,各个污水处理厂的中水基本都直接排放,经加氯消毒后,可以用于景观、市政、农业及工业。

2. 雨水集蓄利用

在全市范围内的城镇新建社区建设集雨水池、水塘等小型雨水集蓄利用工程,用于作物浇灌及家庭、公共场所和企业用水;推广雨水集蓄回灌技术,通过城市绿地、可渗透地面、可渗透排水沟等渗透补充地下水,或排入沿途大型蓄水池加以利用;推广生态环境雨水利用技术,与天然洼地、公园、河湖等湿地保护相结合,建设雨水利用生态小区。

1)城市雨水直接利用方式

(1)屋面雨水集蓄利用模式。

利用屋顶做集雨面的雨水集蓄利用主要用于家庭、公共和工业等方面的非饮用水,如浇灌、冲厕、洗衣、冷却循环等中水系统,可产生节约饮用水、减轻城市排水和处理系统的负荷、减少污染物排放量和改善生态环境等多种效益。图5-1为屋面雨水集蓄利用的方式之一。

图5-1 屋面雨水集蓄利用模式

(2)屋顶绿化雨水利用模式。

屋顶绿化是一种削减径流量、减轻污染和城市热岛效应、调节建筑温度和美化城市环境的生态新技术,也可作为雨水集蓄利用和渗透的预处理措施。这种雨水利用模式既可用于平屋顶,也可用于坡屋顶。

(3)塘洼滞蓄利用模式。

当地下土层的导水系数较小时,可利用入渗塘洼滞蓄雨水,适用于人口密度小的住宅区。市区内一般都分布一定面积的低洼地,有些是下垫面入渗性较好的坑、塘之类的设施,而有些是下垫面已被"水泥化"了的停车场等大型场所。在以往的排洪过程中,这些低洼地仅仅起到暂时积水作用,当洪水减少时,就将其中的积水排泄掉,而若将低洼地作为一种向地下蓄水池或是地下水回灌的水源地,不仅可以减轻排洪的负担,而且可以增加水源。对低洼地进行优化改造,并配以适当的引水设施,譬如对具有入渗的低洼地可将其表层敷设土层更换成透水性强的土层,就可以直接引渗地下,补充地下水;而对于"水泥化"的低洼地,则可以在其与地下蓄水池之间修建输水沟、渠或输水管,将水直接引入地下蓄水池。为了能使这些低洼地尽可能多地潴留汛期雨水,在规划设计时应尽可能进行综合考虑,使这些场所在雨期与无雨期的功能发挥到最优,以避免发生利用功能上的冲突。图 5-2 为塘洼滞蓄利用模式。

图 5-2　塘洼滞蓄利用模式

2）城市雨水间接利用方式

（1）绿地（草坪）滞蓄雨水回补地下系统模式。

绿地（草坪）是雨水滞蓄的理想场所,可以通过改变草坪的高程,即建设水平草坪或低草坪,来增加绿地的降雨入渗量,减少径流流失。当然,影响绿地滞蓄雨水的因素很多,主要有土壤的入渗率、土壤的初始含水率、植被度、坎高、坡度、降雨量和温度等。

该模式建设下凹式绿地,使绿地低于周围地面 5～10 cm,将屋顶和周围不透水地面的雨水直接引入绿地下渗,其基本工艺流程如图 5-3 所示,雨水入渗模式如图 5-4 所示。

图 5-3　绿地雨水入渗模式流程

（2）路面（广场）引流入渗回灌模式。

雨水利用措施主要有采用透水材料修建停车场和广场的地面,增加降雨入渗量,铺装透水的人行道,减少降雨时人行道径流流失。针对城区不透水面积占城区面积的比例很大,并且改造难度大的特点,老城区道路、广场雨水利用宜利用现有基础设施,通过适当改造和修建少量的雨水利用工程,最大程度地解决城区路面、广场雨水利用的问题。综合考虑,老城区道路、广场雨水利用宜采用路面（广场）引流入渗回灌系统,路面、广场和绿地、草坪相结合,形成一个集雨—入渗—回灌系统。同时也可以就近和改造过的排水系统结

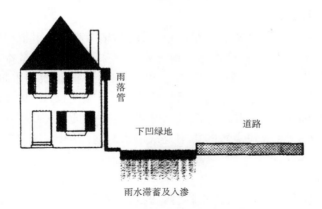

图5-4　绿地雨水入渗模式示意图

合,形成道路—排水系统入渗系统。

（3）河道湖泊拦蓄雨水入渗模式。

城市内湖泊和内河等水体不仅美化环境,具有一定的防洪功能,同时还可以加大地下水的入渗量,回补地下水。湖泊和内河可以结合公园、花园建设形成滞洪湖泊。环城运河还可以规划一些橡胶坝,形成一定的水面,改善城市生态环境和美化城市环境。同时可滞蓄地表径流和雨洪资源,也可使得沿岸地下水得到较为充分的补偿。对于环城运河还可以规划建设生态河堤,集雨水利用和生态旅游于一体。

（4）地下渗井引流入渗模式。

利用渗井群系统,将屋顶和庭院的汛雨引流入渗,引渗系统可采用回填砂砾料的渗沟输水,亦可以采用透水管输水,使分散和集中入渗相结合,整个系统建于城市铺装面以下,成为不影响景观的地下水渗水系统。

该模式的雨水入渗回灌设施建在地下,大大节省城市的土地资源和地表空间,并且入渗回灌效果明显。缺点是该模式需要独立的雨水排水管道,而现在老城区大部分排水系统还是雨污合流,并且老城区地下设施比较复杂,该模式利用建设难度较大,成本较高,可以结合老城区改造工程进行该模式的应用。在新建城区可以利用独立的雨水管道,结合绿地、道路广场,进行城市雨水滞蓄引流入渗回灌模式的规划和设计。

3. 海水淡化

考虑到目前海水利用技术,尤其是海水淡化技术的成熟、适用范围的扩大及未来发展趋势的必然性,建议预控海水淡化厂用地,结合电厂建设海水淡化工程,作为寿光市水资源的重要补充,同时解决能源问题。海水淡化产生的高浓度盐水,可作为卤水进行利用。

4. 增加市域外调水量

鉴于寿光市地下水的区域和时空分布不均,南部井灌区地下水丰富,补给条件和贮水条件较好,是全市地下水主要开采区。北部盐碱区基本无地下水。建议从水量相对丰富的东南部引水,以缓解寿光市水资源压力。

同时,实施跨流域调水,建设平原水库,存蓄黄河水和长江水,解决寿光市部分用水,此部分投资在排污口综合整治、水功能区整治及河道治理工程中考虑。

（二）开采井封填工程

掌握各层抽水井分布及水质和水量清单，及时封堵废弃水井，防止因渗漏造成的地下水含水层污染难以恢复；特别需严管深层地下水的开采，列出取水量排序清单；在无法保障饮用水安全供水量时，须优先限采、停采、清理或取缔一批非饮用水抽水井。很多农村居民采用自备水井及分散式水井作为生活饮用水，水质无法保障，监督管理困难，建议逐步取缔水质无法保障的自备水井及分散式水井供水，将水质水量条件符合条件的水井逐步纳入集中式饮用水源地或建立新的集中式饮用水源地保护区，统一管理，保障农村居民饮水安全。

（三）人工回灌工程

兴建地表水拦蓄工程、雨水蓄积工程，修建拦河闸坝，并在河道内修复湿地，采取拦、截、引、调、蓄、渗等综合措施，充分拦蓄利用汛期洪水并转化为地下水，补充回灌地下水源。

地下水回灌包括天然回灌和人工回灌，其根本区别在于人工回灌、建立回灌设施、加快了渗滤速度。人工回灌方式由于划分的原则不同，分类方法也不同。按回灌井类型可分为大口井回灌和深井回灌。按回灌形式分为：①直接地表回灌，包括漫灌、塘灌、沟灌等，是应用最广泛的回用方式；②直接地下回灌，即注射井回灌，适于地下水位较深或地价昂贵的地方；③间接回灌，如通过河床利用水压实现污水的渗滤回灌，多用于被严重污染的河流。在人工地下水回灌工程已有的多种系统中，直接地表回灌与井灌应用最广。地表回灌包括渗滤池、回灌沟、渠与干河道等，井灌常见的是注水井和含水层贮水取水井（ASR 井）。

浅层地下水回灌技术包括地面入渗法、漏库渗水补给法、地下灌注法，深层地下水回灌技术包括简易虹吸灌注深井法、吸式浅井灌注深井法、串通井灌注深井法。

人工回灌在具体方案设计时，不能完全以实现水量平衡为目标，还需要考虑设计方案实现的可操作性。因此，提出了进行人工回灌方案设计应该遵循以下原则：

（1）以工程可操作性为主，加大地下水的回灌效率，引水回灌系数能够达到 0.6~0.8。

（2）充分利用各种回灌方式，模拟多渠道同时回灌补源措施下地下水漏斗的恢复情况。

（3）尽量满足经济上节约的原则，近期不新增大规模的回灌项目，而挖掘已有渠系的潜力，对渠道及河流的修整，或通过对已有抽水井进行改造的方法，使其具有补给地下水的多重功能。

（4）根据可能的实现时间，回灌分为近期及远期，分别进行分析。因此，必须对区域内的开采量进行控制；同时大力开展人工回灌工作，补充开采对含水层水量的消耗，使含水层的收支逐渐趋于平衡。

（5）回灌水源的水质达到中华人民共和国《地下水质量标准》（GB/T 14848—93）的要求，以免对地下水水质造成污染。

（6）工程实施后，能够满足当地生产生活用水、提高工业灌溉用水量，而且工程建设与城市水资源布局一致。

寿光市近年来修建了一批拦蓄水工程，在弥河上兴建拦河闸坝，并在河道内修复湿地，采取拦、截、引、调、蓄、渗等综合措施，充分利用汛期洪水并转化为地下水，补充回灌地下水源。

弥河是寿光市主要地表径流河道和地下水补给河道,是寿光市的主要水源之一。根据寿光市的地质条件,在建成区弥河两侧30 km范围内布设200座回灌井进行地下水回灌,补充弥河两岸地下水。

二、地下水水质保护工程

结合寿光水文地质条件和地下水补给特点,立足于地下水污染预防,提出了包括地下水集中式供水水源地、地下水补给带等污染预防措施。

(一)饮用水源保护区污染防治工程

1.一级保护区隔离防护工程

针对实际情况,增加以下防护措施:在地下水源地各水井周围相应位置建设隔离防护栏或小屋防止对井口的直接污染;在保护区设置水源地保护警示标识牌等,标识牌上写明站名、井号、井址坐标、井深、井顶高程、设井厂商、设井日期、管理单位、联系电话等。原水源地部分水井已设防护围栏,其余水井增设同样铁丝围栏,实现每个水源地水井统一,其他厂外水井建设小屋防护。加强现有厂区建设及绿化,打造园林式水厂,改善集中式饮用水源地供水环境。

水井基台处理:水井的结构要合理,井的内壁距地面2~3 m应以不透水材料构建,井周以黏土或水泥填实,井口要用不透水材料做出高出地面0.5 m左右的井台(部分农田沟内水井适当增加井台高度),井台向四周倾斜,井台周围设专门的排水沟,井台上的井口应设置井栏,井栏口设盖并加锁。在水厂外的水井,条件允许应建房封闭管理。

二次供水设施:生活饮用水的输水、蓄水和配水、净水等设施属二次供水设施。二次供水设施应密封,严禁与排水设施及非生活用水的管网连接。二次供水设施材料选用不生锈的镀锌管,保证不使饮用水水质受到污染,设计要有利于清洗消毒和防止投毒。

2.一级保护区违章建筑、设施整治工程

按照饮用水源保护相关的法律法规要求,一级保护区内不能有任何与供水无关的设施。根据调查,寿光市城北水厂、东城水厂、古城水厂水源地一级保护区内有少量民房、幼儿园等违章建筑,所有水源地一级保护区周围均有基本农田,鉴于这些建筑排水量小、影响范围小,水井取水深度都在80 m以上且为孔隙承压水的实际情况,暂时不对其进行拆除,农田暂不退耕。厂区内禁止种植蔬菜大棚、建设食品加工作坊,禁止散养畜禽,种植蔬菜禁止施加化肥、农药,搞好厂区绿化。

3.一级保护区内面源治理工程

按照饮用水源保护相关的法律法规要求,一级保护区内不得从事农牧业活动,保护区内土地实行退耕还林。根据调查,寿光市所有水源地一级保护区内均有基本农田,鉴于基本农田涉及范围比较广,退耕还林实施较困难,考虑水井取水深度都在80 m以上且为孔隙承压水的实际情况,因此基本农田暂不退耕。但一级保护区内禁止利用污水灌溉,禁止利用含有毒污染物的污泥作肥料,禁止使用剧毒和高残留农药,禁止使用无防止渗漏措施的沟渠、坑塘等输送或者贮存含病原体的污水、含有毒污染物的废水或者其他废弃物,严格控制一级保护区农田的化肥、农药施用量及品种,逐步减轻农药、化肥污染。

已有水井距离公路小于 50 m 的,该公路实施交通管制:禁止运输危险废物、油类、化学品等遗撒可能导致水源地污染的车辆通行。新钻水井与居民区、办公场所、学校、工业企业、公路等距离不小于 50 m。

(二)准保护区污染防治工程

1. 点源治理工程项目

点源污染防治工程围绕集中式饮用水源地保护区,严格按照《饮用水水源保护区污染防治管理规定》中对不同级别保护区的相关规定,对各保护区的点源污染,尤其是污染型工业企业、违规建筑物和建设项目,进行清拆、整治和总量控制。

2. 非点源治理工程项目

根据对寿光市地下水饮用水源地保护区的详细调查,水源地的面源污染主要是地下水补给区农田化肥、农药污染。根据水源地保护要求及寿光市水源地保护区现状,开展农村面源污染综合治理,积极推广使用生物肥、有机肥等,推广病虫害生物防治技术,控制农业化肥的施用量,引导农民科学施用农药、化肥,大幅度降低化肥、农药、农膜和超标污灌带来的化学污染和面源污染;推广禽畜养殖业粪便综合利用和处理技术,鼓励建设养殖业和种植业紧密结合的生态工程;开展畜禽养殖污染、面源污染的综合防治示范。秸秆禁烧,因地制宜,综合利用,要大力推广应用秸秆机械化粉碎还田、保护性耕作等直接还田技术,力争大面积消化处理剩余秸秆。进行秸秆气化工程建设,加快秸秆气化大面积推广工作。对保护区内居民生活污水进行防渗收集并引入城市污水管网。

三、地下水补给带污染防治工程

(1)加大地下水补给区沿途工业、城镇排水污染源的治理力度,使污染源排放入河的水质污染负荷得到明显下降。

(2)对位于地下水补给区严重污染的地表河水,建设河道水处理工程,改善河道水质,使以上河段河道水质满足国家《地表水环境质量标准》(GB 3838—2002)Ⅲ类标准要求。

(3)通过在水源补给区实施污水防渗漏,建设排污沟、截水沟、抽水截污工程及建造隔离防护墙等工程措施,使集中供水的地下水饮用水源地水环境安全得到保证。

第六章　饮用水源地保护

第一节　饮用水源保护区划分

根据寿光市的实际情况,寿光市地表饮用水源地为双王城水库。根据《饮用水源地保护区划分技术规范》(HL/T 338—2007)的相关技术要求,双王城水库饮用水源保护区划分如下。

一、双王城水库概况

双王城水库位于寿光市羊口镇寇家坞村北 1.5 km,双王城水库作为国家南水北调东线第一期工程胶东输水干线工程的调蓄水库,为中型平原水库,最大库容 6 150 万 m^3,死库容 830 万 m^3,水库调节库容 5 320 万 m^3,年设计入库水量 7 486 万 m^3,出库水量 6 357 万 m^3,设计向胶东地区年供水 4 357 万 m^3,向寿光市年供水 2 000 万 m^3,计划 2013 年开始供水,近期年供水 2 000 万 m^3 以上,2020 年后供水量达到 4 000 万 m^3。

二、饮用水源保护区划分

(一)一级保护区
(1)水域范围:取水口半径 300 m 范围内的区域。
(2)陆域范围:取水口侧正常水位线 200 m 范围内的陆域。

(二)二级保护区
(1)水域范围:一级保护区边界外的水域面积。
(2)陆域范围:正常水位线以上(一级保护区以外),水平距离 2 000 m 范围内的区域。

(三)准保护区
考虑到双王城水库为南水北调平原型调蓄水库,输水线路封闭,沿线无支流汇入。因此,不考虑设置准保护区。

第二节　饮用水源地保护措施

饮用水源地保护主要包括在饮用水源保护区建立隔离防护、污染源综合整治、应急备用水源地等综合工程体系。

一、隔离防护

为防止人类活动对水源保护区水量、水质造成影响,主要饮用水水源保护区应设置隔离防护设施,包括物理隔离工程(护栏、围网等)和生物隔离工程(如防护林)。

　　沿双王城水库陆域一级保护区中轴线进行围网建设,围网高1.5 m,长10.2 km;沿围网每隔500 m设置一警示标志。在双王城水库陆域二级保护区线进行植树造林,宽60~100 m,设立界碑一等地理界标,如图6-1所示。

图6-1　饮用水源保护标识牌

二、污染源综合整治

　　由于双王城水库为调水调蓄型平原水库,运行水位高于地表,输水线路封闭,无污染源汇入。因此,本书不涉及污染源综合整治。

三、应急备用水源地

　　针对可能存在的连续干旱年、特殊干旱年及突发污染事故情况,选择城北水厂地下水源地为寿光市应急备用水源地。

　　城北水厂水源地位于寿光市渤海路与寿济路交叉口东南角,中心地理坐标为东经118°44′16″,北纬36°54′48″。现有机井11眼,规划取水井15眼,机井深170 m,水位在40 m左右,允许开采量为3万 m³/d,实际开采量为2.5万 m³/d;主要服务寿光市城区、古城街道办事处原北洛镇区及文家街道办事处的生活用水,服务人口约12万。水源地为中小型孔隙水承压水水源地,水质均优于地下水Ⅲ类水质标准。城北水厂水源地水质检测结果(2009—2010 年)见表6-1。

表 6-1 城北水厂水源地水质检测结果

	监测时间	2009 年	2010 年
一般化学指标	pH	7.80	7.43
	色度(铂钴色度单位)	<5	<5
	浑浊度(NTU)	<1	<1
	肉眼可见物	无	无
	嗅和味	无	无
	高锰酸盐指数(mg/L)	0.8	0.32
	氨氮(mg/L)	<0.02	<0.02
	溶解性总固体(mg/L)	318	496
	阴离子表面活性剂(mg/L)	<0.1	<0.1
	挥发酚类(mg/L)	<0.002	<0.002
	总硬度(mg/L)	259	358
	氯化物(mg/L)	22.5	69.67
	硫酸盐(mg/L)	15.2	16.24
	铁(mg/L)	<0.03	<0.03
	锰(mg/L)	<0.01	<0.01
	铜(mg/L)	<0.01	<0.01
	锌(mg/L)	<0.05	<0.05
毒理学指标	硝酸盐(mg/L)	0.9	10.04
	亚硝酸盐(mg/L)	<0.001	—
	氟化物(mg/L)	0.31	0.57
	氰化物(mg/L)	<0.002	<0.002
	汞(mg/L)	<0.0001	<0.0001
	砷(mg/L)	<0.001	<0.001
	硒(mg/L)	<0.00025	<0.00025
	镉(mg/L)	<0.001	<0.001
	六价铬(mg/L)	<0.004	<0.004
	铍(mg/L)	<0.0002	<0.0002
	钡(mg/L)	<0.00618	0.211
	镍(mg/L)	<0.00248	<0.005
	六六六(μg/L)	<0.00001	<0.00004
	滴滴涕(μg/L)	<0.0002	<0.00004

续表 6-1

监测时间	2009 年	2010 年
放射性指标(Bq/L)	未检出	未检出
总大肠菌群(MPN/100g)	<2	未检出
细菌总数(CFU/mL)	15~21	未检出

第七章　水资源保护监测

第一节　监测系统和能力建设

一、水功能区水质监测

为确保寿光市水资源保护与综合治理目标的实现及水资源质量的监督管理,必须完善水资源保护监测网络。根据监测网络所提供的监测信息,及时掌握各水功能区、水域的污染物排入状况,掌握其水质现状及变化趋势,有针对性地实施水资源保护的监督管理,使水质监测工作为水资源统一管理和保护服务。

(一)水质监测断面布设

地表水质监测范围与各水功能区划范围相一致,按保护目标,监测范围随时相应扩大,以满足不同时期水资源保护的要求。

监测站点的布设原则上应满足水功能区划、水污染物总量控制及《水环境监测规范》(SL 219—1998)的要求,寿光市四个水功能区均为农业开发利用区,水资源保护管理监测站点布设的基本原则如下:

(1)省(区)界缓冲区和功能缓冲区的上断面或下断面附近。

(2)开发利用区中各功能区控制断面或适当位置。

(3)各功能区支流汇入口、主要入河排污口和农灌退水口设水质监测断面。

根据上述原则,本次河段内共增设地表水质监测站点 4 个,寿光市地表水水功能区水质监测站布局成果见表 7-1。

(二)监测项目

监测项目的选择遵循以下基本原则:

(1)国家、行业颁布的水环境与水资源质量标准中已列入的项目;

(2)《水环境监测规范》(SL 219—1998)规定的监测项目;

(3)反映不同功能水域主要污染物特征的监测项目;

(4)满足水资源保护多层次、多目标管理需要规定监测的项目;

(5)满足污染物总量控制要求的项目;

(6)结合实际与水资源保护的要求选定。

水功能区水质站监测必测项目包括:水温、pH、悬浮物、总硬度、电导率、溶解氧、高锰酸盐指数、五日生化需氧量、氨氮、硝酸盐氮、亚硝酸盐氮、挥发酚、氰化物、氟化物、硫酸盐、氯化物、六价铬、总汞、总砷、镉、铅、铜、细菌总数、大肠菌群。同时,需根据不同水域主要污染物的特征增加有关选测项目,主要有:硫化物、矿化度、非离子氨、凯氏氮、总磷、总

表 7-1 寿光市地表水水功能区水质监测站布局成果

时段	水功能区		站点名称	站点位置		监测单位	监测项目	监测频次	是否自动监测
	一级	二级		经度	纬度				
2020~2030年	弥河潍坊开发利用区	弥河潍坊农业用水区	岳寺李村	118°42′36″	36°46′48″	潍坊市水文局	常规检测	24	否
2020~2031年		弥河寿光农业用水区	西景明村	118°50′24″	36°46′48″	潍坊市水文局	常规检测	24	否
2020~2032年	丹河潍坊开发利用区	丹河潍坊农业用水区	西四村	118°52′47″	36°50′39″	潍坊市水文局	常规检测	12	否
2020~2033年	白浪河潍坊开发利用区	桂河潍坊农业用水区	国家埠村	118°54′16″	36°46′56″	潍坊市水文局	常规检测	12	否

氮、叶绿素 a、化学需氧量、溶解性铁、总锰、总锌、硒、石油类、阴离子表面活性剂、有机氯农药、苯并（a）芘、丙烯醛、苯类、总有机碳等。

（三）监测频次

水功能区控制站是为了监控功能区的水质、实现水资源保护的目标而设置的，每年监测 12 次，丰水期、平水期、枯水期各 4 次并不定期监测。

二、入河排污口监测

（一）水质监测断面布设

根据寿光市企业分布和发展状况，入河排污口监测断面的设置依据现状调查结果和城区排污口布设，增设入河排污口监测站 8 个，今后随着社会经济的发展，在对大型新建项目入河排污口设置论证审批的基础上相应增加入河排污口监测断面。

（二）监测项目

入河排污口站根据总量控制目标，确定水温、流量、pH、氨氮、化学需氧量、挥发酚为必测项目，同时根据污水类型增加有关选测项目，选测项目有色度、悬浮物、五日生化需氧量、氰化物、总汞、总砷、总磷、阴离子表面活性剂及相关行业排放标准中规定的监测项目。

（三）监测频次

入河排污口站是根据掌握入河（湖、库）的排污状况、控制水域的纳污总量、监督入河排污对河流水质的影响程度和范围而设置的。根据排污状况，每年监测不少于 6 次。

三、饮用水源地监测

为实时监测、掌握水源地水质、水量安全状况，提高风险预警预报能力，满足饮用水源地保护管理的需求，应加强饮用水源地预警监控体系建设。

水源地预警监控体系建设的基本原则：一是充分考虑饮用水源地管理与保护的基本要求，监测断面布设的位置、监测频次、监测因子统一和规范化；二是充分利用现有站网建设基础，紧密结合管理和保护需求，进行监测站点的优化及增设，做到站网设置在技术上可行和在经济上合理；三是水质、水量双重监控。

（一）监测点位

寿光双王城水源地、清水湖水库、龙泽水库、城北水厂、东城水厂、后疃水厂、田马水厂、化龙水厂、寿光古城水厂各水井设 1 个监测点。寿光地下水主要由弥河补水，在弥河设监测点监控特征污染物，监测点数根据周边污水排放情况确定。

（二）监测项目

地下水型水源地监测项目包括《地下水质量标准》（GB/T 14848—93）表 1 中的 39 个项目，为色、嗅和味、浑浊度、肉眼可见物、pH、氨氮、硝酸盐、亚硝酸盐、挥发性酚类、氰化物、砷、汞、铬（六价）、镉、硒、钡、铍、镍、总硬度、铅、氟、镉、铁、锰、铜、锌、钼、钴、溶解性总固体、高锰酸盐指数、硫酸盐、氯化物、氟化物、碘化物、氰化物、六六六、滴滴涕、大肠菌群、细菌总数、总 α 放射性、总 β 放射性，以及反映本地区主要水质问题的其他项目。

（三）监测频次

各监测点监测频次均为一个月一次。

（四）监测信息发布

每月将饮用水源地监测数据统计后，编制寿光市饮用水源地水质月报，报送相关主管部门及市政府，并适时通过媒体发布。

四、水生态监测

根据《寿光市创建山东省水生态文明城市实施方案》，寿光市规划构建"一区、双环、五廊、四核"的城乡生态安全格局。"一区"即双王城生态经济区；"双环"即围绕中心城区、临港工业园构建两条环城绿带；"五廊"即五条水生态廊道，依托弥河、小清河、丹河、益寿新河、引黄济青干渠构建市域生态网格；"四核"即四个重要的湿地保护区和水源保护区，包括双王城水库、清水湖水库、龙泽水库、巨淀湖人工湿地。"四核"是寿光市重要的湿地保护区和水源保护区，是寿光市各类用水的主要来源，对于保证寿光市工农业生产和生活用水、营造城市景观和自然环境等方面发挥着重要的作用。因此，寿光市水生态监测应以全市水网为依托，以代表性河流、湿地、小流域为节点，建设水生态监测站点，通过完善配套工程，形成布局合理、高效运行的水生态监测体系。

（一）河流水生态监测

1.监测地点

弥河是寿光市建成区内主要河道，应针对沿河水体污染、生物物种减少等面临的突出生态环境问题，在弥河流域弥河公园内建设水生态环境综合试验站1处，通过实施水生态动态监测进一步改善水质条件。

2.监测内容

监测弥河流域水体的物理化学特征（河流水文形态要素、河流水质要素）和水生生物（浮游动植物、着生生物、底栖无脊椎动物、水生维管束植物、鱼类、微生物），为研究分析该区"四水"（大气水、地表水、土壤水、地下水）转化规律、开展水土保持、水系生态环境的科学研究和综合分析提供数据支撑。

1）河流水文形态

河流水文形态主要包括：①水文状况，主要指水量与动力学特征以及与地下水体的联系；②河流的连续性；③形态情况，主要指河流的深度与宽度的变化、河床结构与底层以及河岸地带的结构等。

2）河流水质

河流水质主要包括：①总体情况，主要指热状况、氧化状况、盐度、酸化状况、营养状态等；②特定污染物，主要指由排入水体中的所有重点物质造成的污染，以及由大量排入水体中的其他物质造成的污染等。水质的监测指标有：水温、pH、钙离子（Ca^{2+}）、镁离子（Mg^{2+}）、钾离子（K^+）、钠离子（Na^+）、碳酸根离子（CO_3^{2-}）、重碳酸根离子（HCO_3^-）、氯化物（Cl^-）、硫酸根离子（SO_4^{2-}）、硝酸根离子（NO_3^-）、N^-、化学需氧量（COD_{Cr}）、水中溶解氧（DO）、总氮（TN）、总磷（TP）、电导率、TOC、TIC 和 TC 等。

3）河流生物质量

河流生物质量主要包括：①浮游动植物组成与数量；②着生生物的种类与数量；③底栖无脊椎动物的组成与数量；④水生维管束植物种类与数量；⑤鱼类的构成、数量与年龄结构;⑥微生物的种类与数量。

3.监测技术

1)水生生物调查与监测

遵循样点布设全面、减少人为干扰及水文监测断面要覆盖所有生物监测样点的原则,在全河段主要渗漏处及河流生态恢复段应考虑在特征断面上进行水量、流速、水深以及水质监测。采取长期定点监测的方式,水生生物监测方法为采样器采样、实验室保存检测。浮游生物、微生物、底栖动物、着生生物和水生维管束植物及微生物采样时间、样品采集与保存、监测项目、监测频次与分析方法均按照《水环境监测规范》(SL 219—98)执行。寿光市弥河大型底栖生物调查样点分布见表7-2。

表7-2　寿光市弥河大型底栖生物调查样点分布

编号	地点位置
MHSG 1	青银高速
MHSG 2	弥河水上公园
MHSG 3	北孙云子村
MHSG 4	弥河半截河橡胶坝
MHSG 5	西周疃村
MHSG 6	九曲村
MHSG 7	宅科五村
MHSG 8	庄子岭

2)河流水文形态及水质监测

在弥河水上公园、半截河橡胶坝、西周疃村设置3个固定长期监测断面,对弥河下游河段进行地形测量,监测河流流速、水位、水质,调查河床的组成物质、区间来水及地下水溢出带。

4.监测设备

对于常规监测断面,采用高精度GPS定位仪 TRINBLE 5800(两点之间的高程误差在毫米级),对弥河下游河段进行地形测量;采用悬挂式流速仪测量监测点水体流速;采用双通道多参数水质测定仪进行水体营养状况(COD、BOD、氨氮、总磷、叶绿素、DO 等指标)监测。

选择弥河水生态环境综合试验站进行示范建设,在弥河公园建立小型水文水质一体化自动监测站。采用国际先进的高集成一体化多参数水文水质监测仪器(Nimbus 气泡水位计、SLD 超声波多普勒流量计和 Hydrolab 多参数水质监测设备等),通过遥测单元,将数据实时报送给监控中心或移动监控终端。在组站上设地面站和浮标站等多种灵活的组站方式,通信方式选择短信/GPRS、有线、卫星等多种模式,实现水文水质各类常规参数的实时在线连续测量,有效掌握监测水体水质的变化情况。

(二)湿地水生态监测

湿地被誉为"地球之肾",拥有巨大的生态功能和效益,国际上通常把它与森林和海洋并称为全球三大生态系统,充分体现了湿地生态系统的重要性。尤其是与人类家园密切相关的城市湿地,不但具有丰富的资源,还具有巨大的环境调节功能、景观美化和生态效益。

1. 监测地点

选择巨淀湖人工湿地作为典型湿地水生态监测地点。巨淀湖湿地是寿光市重要的湿地保护区和水源保护区,是寿光市各类用水的主要来源,对于保证寿光市工农业生产和生活用水、营造城市景观和自然环境等方面发挥着重要的作用。

2. 监测内容

监测项目包括:营养盐及有毒物质、土壤表层 CO_2 通量、微生物、生物多样性、降雨量、渗透水量、蒸散量(水面蒸发、土壤蒸发和植物散发)和水质。土壤有机质(SOM)及生物量的分布,菌根和微生物在原位土壤剖面上不同深度的分布。每个土壤监测样点分两层采混合样,测定有机质及营养元素。

监测频次:生物群落监测周期为 3～5 年 1 次,在周期监测年度内,临测频次为每季度一次;土壤营养元素和有机质监测按季节定期监测;降雨、渗透、蒸散等指标进行自动连续监测。

3. 监测技术和设备

引进德国 UGT 公司先进的蒸渗仪技术,根据巨淀湖人工湿地实际情况,引进 UGT 原位湿地地下水生态观测蒸渗仪。通过地下水位模拟控制系统、精准称重系统、根系观测单元、气体通量观测单元、溶质在线分析单元等,原位(In-situ)观测地下水位变化(0～2 m)与湿地土壤蒸散、渗漏、降雨及溶质运移的即时(高时间分辨率)动态变化关系,研究分析湿地土壤水通量、溶质通量、气体通量、持水状况等与地下水位的动态关系。

(三)小流域水土保持监测

1. 监测区域

寿光市地处山东北省部沿海,属于平原风沙区。经过多年努力,原有水土流失面积 667 km²,通过寿北的滩涂开发、条台田建设,辛沙路防护林带建设和塌河、小清河流域风沙片的治理,全市已治理改善水土流失面积约 550 km²,占水土流失面积的 82.46%,但仍有水土流失面积 117 km²。本次主要进行水土流失治理的弥河流域、小清河流域进行监测,实现寿光市水土流失及其防治效果的动态监测和评价,为水土保持生态建设提供决策依据。

2. 监测内容

根据《水土保持监测技术规程》(SL 277—2002),结合弥河流域、小清河流域水土流失状况及水土保持生态建设需求,需监测项目主要包括以下几方面:

(1)不同侵蚀类型的面积、强度、流失量和潜在危险度。

(2)水土流失危害监测。土地生产力下降,水库、湖泊和河床渠淤积量,损坏土地面积。

(3)水土保持措施数量、质量及效果监测。①防治措施:包括水土保持林、经果林、种草、封山育林(草)、梯田、沟坝地的面积、治沟工程和坡面工程的数量及质量;②防治效果:包括蓄水保土、减沙、植被类型与覆盖度变化、增加经济收益、增产粮食等。

（4）小流域特征值。流域长度、宽度、面积，地理位置，海拔，地貌类型，土地及耕地的地面坡度组成。

（5）气象。包括年降水量及其年内分布、雨强、年均气温、积温和无霜期。

（6）土地利用。包括土地利用类型及结构、植被类型及覆盖度。

（7）主要灾害。包括干旱、洪涝、沙尘暴等灾害发生次数和造成的危害。

（8）水土流失及其防治。包括土壤的类型、厚度、质地及理化性状，水土流失的面积、强度分布，防治措施类型与数量。

（9）社会经济。主要包括人口、劳动力、经济结构和收入。

（10）改良土壤。治理前后土壤质地、厚度和养分。

3. 监测方式

监测方式主要采用地面观测方法，同时通过询问、收集资料和抽样调查等获取有关资料。中流域宜采用遥感监测、地面观测和抽样调查等方法。

降水、温度、风等要素监测频次及精度根据相应项目的监测规范执行；径流和泥沙测验的频次和精度视所处流域水流特性及降雨情况决定；土壤性质每年测定一次；土壤养分损失每次降雨过程结束后监测；总的要求以掌握流域内土壤侵蚀规律为目标。

五、建立完善的地下水监控体系

地下水监控体系包括地下水位和水质动态监测网、地下水开采计量体系和地下水监控管理平台等。城市公共供水水源井、企事业单位自备井、农村集中供水水源井，要实行在线计量；规模以上农业灌溉机电井实行一井一表，逐步实现所有规模以上的机电井实行全覆盖式计量；结合山东省水资源管理系统建设，逐步实现对地下水位、水质、开发利用情况、超采状况等的动态监控，对地下水资源及其采补平衡情况进行动态评估，对地下水开采与压采进行计划管理，全面支撑地下水资源的科学管理和有效保护。

寿光市是山东省地下水氟含量较高的地区，也是地氟病分布比较广泛、危害程度比较严重的地区，是山东省地氟病防治的重点地区。羊口镇南部、侯镇西北部等部分地区浅层地下水氟含量超过 4.0 mg/L，最高达 6.0 mg/L。另外，地下水超限开采，地下水位持续下降，致使小清河污水及海水入侵，因此寿光市亟须加强对该区的地下水位、水质监测。

（一）地下水位监测

根据《地下水超采区评价导则技术要求》，超采区地下水位监测井网密度应达到 3~5 眼/100 km²，在严重地下水超采区、浅层地下水超采区的地域分布边界线附近应适当加密地下水位监测井，在各孔隙水超采区的地下水位持续下降中心处，必须布设地下水位监测井。按照上述要求，寿光市浅层地下水超采区监测区共需布设地下水位监测井 60 眼。

根据《地下水超采区评价导则技术要求》和工作需要，各井监测频次为每年 3 次，分别为在每年的 6 月 1 日（汛前）、9 月 1 日（汛后）和 12 月 26 日（年末）。

地下水位监测误差、测具检定执行国家标准《水位观测标准》（GBJ 138—90）。

（二）地下水开采量监测

根据《地下水超采区评价导则技术要求》，动态监测区内从同一地下水开发利用目标含水层组开采地下水的生产井，均作为地下水开采量监测井。各开采量监测井应安装经质量技术监督部门检定合格的计量设施,各井进行地下水开采量的月、年统计,并分别统计农业灌溉、城镇生活、工业生产的用水量。根据寿光市饮用水源地布局情况,计划到2020年,全市浅层地下水超采区监测区共有86眼井需要进行地下水开采量监测,详见表7-3。

表 7-3　寿光市地下水开采量监测井一览

名称	水井深度 (m)	水井数量（眼）	
		现有	规划布局
三水厂水源地	82	11	11
城北水厂水源地	170	11	20
东城水厂水源地	110	7	7
后疃水厂水源地	390	10	10
田马水厂水源地	270~280	9	11
化龙水厂水源地	300	4	4
古城水厂水源地	260	7	7
上口水厂水源地	300	6	6
纪台水厂水源地	300	0	10
合计		65	86

根据寿光市实际情况,目前所有生产井均做开采量监测尚有一定难度,特别是农业生产井难度更大。对此,建议采取典型调查的方法监测统计地下水开采量。在各超采区选取具有代表性的乡(镇)或村庄进行地下水开采量的重点监测,根据监测结果分析统计各超采区地下水开采情况。随着社会经济的发展,逐步实现对地下水开采量的精确监测。

（三）地下水水质监测

根据《地下水超采区评价导则技术》要求,在未发生地下水水质污染、海咸水入侵的动态监测区,地下水水质监测井的平均布井数宜控制在同一动态监测区地下水开采量监测井数的0.5%左右,其中靠近海岸线或地表水体污染严重的地区及地下水位降落漏斗中心地区,应适当加密;在已经发生了地下水水质污染、海咸水入侵的动态监测区,地下水水质监测井的平均布井数宜控制在同一动态监测区地下水开采量监测井数的1%左右。其中,在地表水体污染源附近、海水入侵区陆地边界附近、咸水入侵区的周边地带以及地下水位降落漏斗中心地区,应适当加密。

地下水水质监测井的选取,应尽量从正常使用的生产井中选取。

根据上述要求,结合寿光市超采区的实际情况,拟布设地下水水质监测井80眼。

1. 监测频次

一般地,地下水水质监测频次为每年1次,在汛前监测,一般是5月25~30日内取样,同一监测区内各监测井水样采集时间不超过5 d;饮用水源地地下水水质监测频次为每月一次。

2. 监测项目

必须分析的项目有 pH、矿化度、总硬度(以 $CaCO_3$ 计)、氨氮、挥发性酚类(以苯酚计)、高锰酸钾指数和总大肠菌群等,根据各地实际情况,可增选氟化物、氰化物、碘化物、砷、硒、硝酸盐、亚硝酸盐、硫酸盐、六价铬、汞、铅、锰、铁、镉、铜、化学耗氧量以及有毒有机物和其他重金属等项目进行分析。

3. 执行规范

水样采集、分析时限、程序、方法、质量控制,水样的存放与运送,水样编号及送样单的填写,分析结果记载表式样、填制要求及测具检定要求,均应按行业标准《水环境监测规范》(SL 219—98)执行。

第二节　监控管理系统建设

一、采集监控平台

采集监控平台是指获取信息和接收执行指令的终端,主要包括信息自动采集、人工采集录入、移动办公设备、视频监控设备、视频会议设备和闸门控制设备。

(一)信息自动采集和人工采集录入

信息自动采集和人工采集录入主要负责信息采集与上传,采集的信息主要包括水文信息、水资源监测、防汛抗旱监测、水土保持监测、水利工程巡测、基础地理信息和城乡供水监测等。

水文信息:指市局自管水文站的水文信息采集。同时在数据中心要与水文局实现水文信息共享。

水资源监测:主要包括地表水监测、地下水监测、水质监测、取水口监测、排污口监测。

防汛抗旱监测:主要包括汛期雨量监测、河库水位监测、土壤墒情监测。其中,部分信息由水文局提供,通过数据中心进行共享。

水土保持监测:通过遥测影像及人工采集,获取当地水土保持及生态建设情况。部分信息由水文局监测,数据在数据中心实现共享。

水利工程巡测:指对较为分散的农村水利工程和水利工程设备的巡测。通过人工采集方式,对工程点或设备拍摄照片、视频并填写报表,通过移动终端上传或定期上报。

基础地理信息:通过手持 GPS 设备,搜集、整理并录入新建及已建水利工程的地理信息。

城乡供水监测:通过 PLC 测控装置和流量、压力仪器,对供水管网监测点的压力、流量进行监测;通过 PLC 测控装置和水质监测设备,对管网末端水质进行监测。

(二)移动办公设备

移动办公设备主要服务于需要现场办公、无法携带大量书本资料或者信息实时性要求较高的业务,如防汛现场指挥等。因移动办公设备的性能、网络接入模式和操作系统需根据具体业务平台的数据安全和网络带宽需求而不同,因此对移动办公设备不做定义。原则上,业务应用平台中移动办公业务的开发应尽量以手机为客户终端,且只支持定时发送和数据查询功能。

(三)视频监控设备

视频监控设备主要包括水利工程视频监控、河道视频监控。

水利工程视频监控:对中小型水库,在大坝、水位标尺、溢洪闸、溢洪道各设一处视频监视点。对于需要 24 h 获取影像的监控点,需考虑采用红外摄像机及补光器材。

河道视频监控:在河道橡胶坝、拦河闸及重要河段各设立 1 个视频监视点,河道的调水枢纽位置根据需要设立视频监视点。

(四)视频会议设备

视频会议设备主要包括:视频会商所需用的音频、视频、图文交互所需摄像机、显示器、投影仪、音响设备、语音放大器、对讲设备等。

寿光水利局会议室已建有视频会议系统,并上联至潍坊市局,功能基本满足业务需要。新建部分应根据潍坊市水利局规划调整网络接入和带宽,尽量避免重建。

(五)闸门控制设备

闸门控制设备主要对现有河道、渠道的节制闸及水网调水枢纽处的闸门开闭、闸门高度、流量统计进行控制。

二、数据传输平台

数据传输平台是指数据信息在采集监控平台与管理调配平台之间传递时所使用的信道,由网络设备和传输线路组成。网络设备负责对数据、音频、图像等信息进行封装和收发,实现数据传输功能;传输线路负责联通各单位网络设备,广义上还包括 GPRS/3G、微波和卫星信号等无线传输模式。传输线路由当地电信运营商提供,传输信道采用租用的方式接入信息平台,网络接入点的建设和维护由当地运营商负责。

目前寿光市水利局仅有 Internet 宽带接入,所有文件均通过邮件交流,既不能满足信息化发展需要,也达不到安全规定要求。因此,规划建设寿光市水利信息网,实现省、市、县三级互联,实现视频、音频、数据信息同步传输,实现水利局与其他相关单位以及水利局各机构之间信息共享。

传输网络按照接入和传输方式可分为三种:山东省水利信息网(水利专网)、基于 Internet 的 VPN 传输网和 GPRS/3G 传输网。

(一)水利专网建设

寿光市水利局与山东省水利厅和潍坊市水利局通过 10 M 的 MSTP 光纤传输专线连接,MSTP 专线可同时传输数据、语音、视频信息。水利专网主要实现寿光市水利局与山东省水利厅和潍坊市水利局的互接,这部分建设由山东省水利厅和潍坊市水利局统一安排部署,建设资金不纳入寿光市水利信息化建设资金。

(二)VPN 网络建设

VPN 接入相对 Internet 宽带接入更加稳定和安全,因此采用 VPN 接入模式替代目前的互联网接入。VPN 网络主要实现寿光市水利局与下属单位机构之间的互联,以及采集监控信息的传输。

(三) GPRS/3G 网络建设

针对部分位置偏远的水利工程、监测站点、人工采集站和移动办公设备无法连接有线网络的情况,统一采用 GPRS/3G 网络作为传输平台。传输语音、视频信号应尽可能采用3G 网络,保证足够带宽。在 3G 网络未覆盖区域可先使用 GPRS 接入,但在设备采购时应考虑到日后升级需要。

三、管理调配平台

管理调配平台按功能分为"数据中心"和"总控中心"两部分。数据中心主要负责信息的存储和管理,包括数据存储、数据备份和数据交互。总控中心主要负责对水网运行情况进行监管,对各项业务进行协调,主要包括监控平台、会商平台和指挥平台。

(一) 数据中心

数据中心建设要解决当前水利信息管理分散、数据标准化差、业务应用单一、资源难以共享等问题。按照山东省水利厅水利数据中心建设的统一部署和技术标准,以山东省水利厅制定的标准体系建设为基础,结合寿光市建设能力和实际需要,通过对已有机房和设备的扩建升级,对已有数据库的调整整合,建成涵盖现代水网所需各类水利信息,全面支撑各类业务应用的寿光市水利数据中心。建设内容主要包括:运行环境建设,数据存储、备份和交互,建设运行管理安全规章制度等。

运行环境是指数据中心所需用的场地、电气设施、基础安全设施、机柜、服务器、存储设备、操作系统、数据库管理系统、空间及影像数据加工系统等。运行环境是数据中心安全、稳定运行的基础保障,在设计和实施过程中应考虑到日后的扩充。

数据存储、备份和交互是数据中心的核心业务,也是数据中心的建设重点。该部分主要建设内容是根据业务需求建立起寿光市水利信息数据库,用以存储各类信息数据,提供对信息数据的录入、修改、查询和分析等服务,提供对数据的自动备份和异地备份服务,提供对上层应用的通用数据接口。

按照水利信息的基本分类,数据库分为公用和专用两类。

公用类主要包括水文数据库、水利工程数据库、社会经济数据库、水利空间背景数据库、水利技术标准数据库、水利行政资源基本数据库、水利专业数字图书馆等。

专用数据库主要包括水资源数据库、防汛抗旱数据库、水土保持数据库、水利工程管理数据库、水利规划设计管理数据库、水利经济管理数据库、人才管理数据库、水利科技管理数据库等。

建设运行管理安全规章制度是指在数据中心建设和运行管理过程中需要遵循的法律法规、安全规定、技术标准、操作规程等规章制度的建设。规章制度应从实际工作出发,在符合法律法规的前提下,根据具体工作环境和作业特点确定细则,做到责任到人,有据可循。

(二) 总控中心

总控中心建设主要包括监控平台、会商平台和指挥平台,主要负责对水网整体运行情况的监测和各单位、各业务间的工作协调。

监控平台利用远程采集和控制技术,实现对全县重点水利工程、防汛设施、水网枢纽的全天候监控,彻底解决目前存在的管理分散、手段单一、效率低下等问题。

会商平台提供高清视频会议服务,可根据需要与山东省水利厅、潍坊市水利局和寿光市水利局下属各单位之间组织会商,为决策提供有力支持。会商平台建设是在传统会议室基础上,通过高清摄像机和高清投影仪或显示器实现远程影像采集,通过计算机网络实现异地同步,从而能够随时召开跨地域、跨级别的联合会议。

指挥平台提供移动指挥服务,包括指挥中心和移动站。移动站配备音频、图像、视频采集设备和笔记本电脑等办公设备,通过无线信号或卫星信号与指挥中心进行通信,适用于突发性灾害事件的抢险应急指挥。

总控中心建设应根据寿光市水利局现状、办公环境、建设能力及实际需求进行。目前寿光市已建有视频会议系统,因此在会商平台的建设中,应尽量考虑现有设备资源的利用,避免重复建设。监控平台和指挥平台所需运行环境原则上与数据中心统一建设,部分外设(如电视墙、控制终端、通信设备等)根据实际需要独立采购。

四、业务应用平台

业务应用平台是围绕现代水网理念,针对不同部门的管理职能和业务特点,将各项水利业务分门别类、将各类水网信息有机结合的综合性服务平台。通过信息共享机制和数据挖掘技术,打破传统信息管理系统各自为战的应用模式,提供智能化的业务应用和决策支持。

业务应用平台的建设内容包括:水资源管理、调水管理、防汛抗旱、工程管理、电子政务、城乡供水、生态水保和门户网站。

业务应用平台是信息资源与管理决策者之间交流的载体,既实现了水利行业信息化的管理手段,又能提供对社会公众的宣传平台。平台建设应增强服务意识,强化信息的通用性和可重用性,具有良好的用户界面和功能扩展性,预留标准数据接口,方便进行业务对接和系统升级。

五、水资源管理系统

寿光市水资源相对缺乏,海水入侵较为严重,为保障人民生产生活水源供应和社会经济的可持续发展,实施最严格水资源管理制度显得尤为迫切。水资源管理系统以山东省水利厅的建设框架为依托,以水资源信息化基础建设为重点,加强对寿光市集中供水水源地、规模以上取水用户、地下水超采区、海水入侵区的在线监测,建立相应信息采集、传输、存储、服务机制,实现实时采集、及时反馈、自动警报,实现水资源管理在线业务处理流程,实现水资源管理的决策支持。

系统主要功能如下:

(1)实现对集中供水水源地的水量水质监测;

(2)实现对取水许可用户的取水量在线监测;

(3)实现对主要江河干支流监测断面的水量水质监测;

(4)实现对地下水超采区重点监测点水位水质的自动监测;

(5)实现对水功能区的水量水质常规监测;

(6)实现对入河排污口的水量水质常规监测;

(7)实现以年、月、旬为单位的水资源调配计划、统计和后评价机制;

(8)实现与山东省和潍坊市水资源管理机构之间的信息互联互通。

建设内容主要包括：水资源监测子系统、预测预报子系统、年内调配子系统、调度子系统、方案评估子系统，并同时通过信息发布系统及时向社会提供水资源信息服务。

六、调水管理系统

调水管理系统致力于建立一套提供实时监测、预报预警、联合调度等多种管理手段的业务应用系统，实现对大中型水库、重点河道、水网枢纽的全方位、全天候的监控调度。

系统主要功能如下：

(1)水库监控，实现对水库水位信息监测，水库取水口、溢洪道视频监控；

(2)河道监控，实现对河道水位、断面流量信息监测，重要河段视频监控；

(3)水网枢纽监控，实现对水网枢纽的水位、流量和视频监控；

(4)闸门远程控制，实现对河道、溢洪道各闸门的远程控制及闸门开启高度信息监控。

建设内容主要包括：综合监控子系统、水量调度模型管理子系统、方案指令化子系统、安全应急子系统。

七、防汛抗旱系统

按照国家防汛系统建设要求，建立一个覆盖寿光市全境的暴雨预报、防洪预警、风暴潮监控预警、土壤墒情监测、干旱预警、应急响应、灾情评估的决策指挥系统，做到及时发现、实时监视、迅速响应，提供可靠的灾情评估和决策支持，最大程度地减少灾害损失。与潍坊市防汛指挥中心之间通过会商平台进行业务联系，实现远程灾情汇报、方案讨论和指挥响应，提高响应速度和办事效率。

系统主要功能如下：

(1)雨水情监测，实现全县雨水情信息实时采集，为汛期灾情预警提供依据；

(2)视频监控，实现对重要河道、水库、溢洪道的视频监控；

(3)土壤墒情监测，实现对灌区土壤墒情信息的自动采集和统计；

(4)防洪预警，根据地势特点及当地社会经济情况，建设若干城市防涝监测点，通过对雨量、水位的统计计算，结合历年灾害信息对洪灾形势进行预测，对达到警戒阈值的信息弹出警告；

(5)风暴潮预警，通过信息采集和视频监控，结合GIS平台、气象预报、历史灾情记录等信息，实现对水位、潮位、风向、风速等灾情信息的记录，实现对风暴潮的预测预警、自动记录、自定义查询、同期比对等功能；

(6)干旱预警，通过对近期雨量采集、统计和分析，结合土壤墒情监测信息，对旱情进行预测；

(7)应急响应，通过总控中心进行监控和指挥，确保信息的时效性、准确性和一致性；

(8)灾情评估，通过对灾情实时监控和灾后统计，对灾害造成的损失和抢险救灾挽回的损失进行统计和评估，为以后的决策分析提供依据。

建设内容主要包括：防汛监测预警子系统、风暴潮监测预警子系统、抗旱监测预警子系统、灾情实时监测子系统、应急响应子系统、灾情评估子系统。

八、工程管理系统

工程管理系统依照山东省和潍坊市水利工程建设运行管理规定,对全县水利工程建设运行实现信息化管理。

系统主要功能如下:

(1)水利工程规划,包括投资规划、建设规划、进度管理、效益评价等;

(2)水利工程审批,包括项目立项、项目建议书、初步设计报告、施工图设计等各阶段的审批及监督;

(3)水利工程建设管理,包括招标投标管理、合同管理、建设进度管理、验收信息管理、竣工归档管理;

(4)水利工程运行管理,包括运行信息监测、异常警报、应急响应、维护信息管理。

建设内容主要包括:工程规划子系统、工程建设子系统和工程运行维护子系统。

九、电子政务系统

电子政务系统提供先进高效的信息管理手段,辅助各业务部门完成各类行政管理类业务。系统主要功能如下:

(1)水行政管理,实现行政审批的网上办理,水利信息的动态收发,紧要突发事件的及时呈报,主要包括公文处理、办公事务管理、会议管理、水利宣传和个人秘书等。

(2)党务管理,实现党组织、党员基本信息管理,党员发展计划管理,文件下发和事务提醒等。

(3)人力资源管理,实现对人力资源基本信息的管理与维护,包括增删改查、逐级浏览等功能;实现对人力资源信息的统计分析,并生成比例图表。

(4)财务管理,实现财务报表、资产管理报表的网上审批,在财务预算、审批、报账、支出等环节,进一步加强财务监督职能,规范审核、审批程序,提高资金使用的计划性,保证经费开支的合理性、合法性。

(5)水利规划计划管理,实现对水利发展规划、综合规划、区域规划、城市规划、水资源中长期供求计划、水保规划、节水规划、地下水开发利用规划等水利各项规划的规划过程及规划成果的管理。

(6)水利科技管理,应用水利科技数据库,建设水利科技信息管理系统。该系统包括:科技项目管理子系统、科技成果管理子系统、技术专家管理信息子系统、技术质量监督子系统、科技推广服务子系统、水利宣传管理子系统、水利外事管理子系统。

(7)档案管理,实现对重要资料的电子化,建立电子档案库;实现档案的规范化管理,对立卷、组卷、移卷、查询、借阅、检索等环节实现自动化、电子化。

(8)水政渔政管理,实现对水利政策法规、渔业政策法规的动态更新;实现水政渔政组织结构、监察大队人员情况、执法建设、典型案例等信息公开化。

建设内容主要包括:水行政管理、党务管理、人力资源管理、财务管理、水利规划计划管理、水利科技管理、档案管理、水政渔政管理等业务模块。

十、城乡供水系统

加强对城乡供水工程的建设和管理,建立完善的信息采集管理体制,实现寿光市水利局对城乡集中供水点的统一监管。

主要功能如下:

(1)实现管理中心对各水厂的集中管理;

(2)实现供水管网监测点的压力、流量监测;

(3)实现对管网末端水质监测,实现管网设施的电子地图查询功能;

(4)实现水流量优化调度及输水流量平衡控制等。

主要建设内容包括:数据采集子系统、水厂信息管理子系统、供水管网监测子系统、统计分析子系统。

十一、生态水保系统

全面开展水土流失观测和试验设施、数据采集与处理设备、数据管理和传输系统、水土保持数据和应用系统的建设,构建寿光市水土保持监测站、水土流失重点防治区监测分站及其所属监测点构成的完整的水土保持监测网络体系,实现寿光市水土流失及其防治效果的动态监测和评价,为水土保持生态建设提供决策依据。

系统主要功能如下:

(1)水土流失综合监测:土壤侵蚀、水库淤积、河道淤积、水土流失监测等。

(2)水土灾情监测:对泥石流、土壤沙化、洪水、水库淤积、河道淤积灾害进行预测预警,并对灾害可能性和灾害危害评估。

(3)重点建设项目破坏监测:利用遥感对重点建设项目进行动态监测,预测预估工程建设、运行对水土保持造成的影响。

(4)水土保持重点治理项目管理:实现对水土保持重点项目进行全过程跟踪管理。

(5)水土流失综合监测:以 GIS 系统为基础,建立水土流失监测模型,为水土流失的治理提供指导。利用卫星遥感影像,对不同时段的海岸线进行对比,来实现海岸线变化动态观测,并结合专家知识系统,预测海岸线变化趋势。

(6)水土流失灾情监测:从系统中提取降雨、历时、分布、地下水位、坡面位移等数据,进入水土流失灾情预警预报模型,利用遥感解译后的成果,对于此类地区进行时间段的对比,形成风沙预报系统。

(7)水土流失人为破坏监测:利用卫星遥感影像的解译成果,实施动态观测,对于重点区域、重点工程进行监督。

建设内容主要包括:水土保持信息采集系统、水土保持地理信息子系统、水土保持重点治理项目管理子系统等。

十二、门户网站

门户网站主要介绍寿光市水利系统组成机构和业务职能,发表最新动态,传达上级指示,宣传水利工作,展示科技成果等。

建设内容主要包括水利概况、机构职能、政务公开、政策法规、科技宣传以及水政执法动态等。

第八章　水资源保护综合管理

第一节　法律与制度建设

　　水资源管理涉及水源、取水、用水、节水、退水、污水回用、水环境保护等各个环节,与社会经济生活息息相关,要做好水资源管理工作,必须配套完善各项法律法规,实行依法行政,依法管水。国家也一直关注和重视水资源的问题,对于保护水资源也提出了许多要求,而且把保护水资源和保护水环境已经写进了《宪法》中。此后,国家有关部门在《宪法》的基础之上又相继出台了一系列的法律法规,来丰富和完善我国保护水资源的法律体系,其中主要包括大家熟知的《环境保护法》《水法》《水污染防治法》《水资源保护法》这四部主要法律,寿光市先后制定出台了《寿光市北部地下水资源开采管理办法》《寿光市城市规划区封闭自备水源实施方案》《寿光市机井建设管理暂行办法》《寿光市水资源管理专项整治行动实施方案》《寿光市农村公共供水管理办法》等规范性文件,但是这几年,随着社会的发展,这些法律已经不能满足现在水资源保护的需要,显示出了许多的不足和缺陷,还需要进一步完善。在现有相关法规的基础上提出制定水资源保护条例、水功能区管理条例、水功能区水质达标评价体系、入河排污口管理条例、饮用水源地保护管理条例、地下水保护管理条例和生态保护管理条例、监测预警制度等的要求。

　　另外,相比出台新的法律法规而言,强化执法更加重要。要做好执法工作,首先要提高执法能力。要建立专职执法队伍,配备专职人员,配套专用设备,加强技术培训,提高业务素质和执法能力,为顺利开展执法工作提供组织保障。其次要加大执法力度。规范行政行为,强化日常执法检查,及时处理违法行为,重点加强取水许可和水资源费收缴、节水管理、入河排污口审批等方面的执法管理。再次是树立全新的执法理念。按照转变政府职能的要求,强化社会管理意识,切实履行法定职能,并自觉接受社会各界的监督。各级地方政府应大力支持部门工作,避免行政干预。

第二节　监督管理体制与机制

　　监督管理体制与机制包括完善有关政策,研究建立水资源保护和水污染防治协调机制、生态补偿机制、生态需水保障机制、饮用水源应急管理机制、公众参与和媒体监督机制。

一、建立水资源保护和水污染防治协调机制

　　建立水资源保护和水污染防治的协调机制,需要通过规范水资源管理行政行为,建立城乡涉水行政事务一体化管理体制,强化城乡水资源综合管理,实现对城乡供水、水资源

综合利用、水环境治理和防洪排涝等,统筹规划、协调实施,促进水资源优化配置。

二、建立生态补偿机制

建立和完善生态补偿机制,必须认真落实科学发展观,以统筹区域协调发展为主线,以体制创新、政策创新和管理创新为动力,坚持"谁开发谁保护、谁受益谁补偿"的原则,因地制宜地选择生态补偿模式,不断完善政府对生态补偿的调控手段,充分发挥市场机制作用,动员全社会积极参与,逐步建立公平公正、积极有效的生态补偿机制,逐步加大补偿力度,努力实现生态补偿的法制化、规范化,推动各个区域走上生产发展、生活富裕、生态良好的文明发展道路。

(1)加快建立环境财政。把环境财政作为公共财政的重要组成部分,加大财政转移支付中生态补偿的力度。按照完善生态补偿机制的要求,进一步调整优化财政支出结构。资金的安排使用,应着重向重要生态功能区、水系源头地区和自然保护区倾斜,优先支持生态环境保护作用明显的区域性、流域性重点环保项目,加大对区域性、流域性污染防治,以及污染防治新技术、新工艺、开发和应用的资金支持力度。积极探索区域间生态补偿方式,从体制、政策上为欠发达地区的异地开发创造有利条件。加大生态脱贫的政策扶持力度,加强生态移民的转移就业培训工作,加快农民脱贫致富进程。

(2)完善现行保护环境的税收政策。增收生态补偿税,开征新的环境税,调整和完善现行资源税。将资源税的征收对象扩大到矿藏资源和非矿藏资源,增加水资源税,将现行资源税按应税资源产品销售量计税改为按实际产量计税,对非再生性、稀缺性资源课以重税。通过税收杠杆把资源开采使用同促进生态环境保护结合起来,提高资源的开发利用率。同时,加强资源费征收的使用和管理工作,增强其生态补偿功能。进一步完善水、土地、矿产、森林、环境等各种资源税费的征收使用管理办法,加大各项资源税费使用中用于生态补偿的比例,并向重要生态功能区、水系源头地区和自然保护区倾斜。

(3)建立以政府投入为主、全社会支持生态环境建设的投融资体制。建立健全生态补偿投融资体制,既要坚持政府主导,努力增加公共财政对生态补偿的投入,又要积极引导社会各方参与,探索多渠道多形式的生态补偿方式,拓宽生态补偿市场化、社会化运作的路子,形成多方并举,合力推进。逐步建立政府引导、市场推进、社会参与的生态补偿和生态建设投融资机制,积极引导国内外资金投向生态建设和环境保护。按照"谁投资、谁受益"的原则,支持鼓励社会资金参与生态建设、环境污染整治的投资。积极探索生态建设、环境污染整治与城乡土地开发相结合的有效途径,在土地开发中积累生态环境保护资金。

(4)积极探索市场化生态补偿模式。引导社会各方参与环境保护和生态建设。培育资源市场,开放生产要素市场,使资源资本化、生态资本化,使环境要素的价格真正反映它们的稀缺程度,可达到节约资源和减少污染的双重效应,积极探索资源使(取)用权、排污权交易等市场化的补偿模式。完善水资源合理配置和有偿使用制度,加快建立水资源取用权出让、转让和租赁的交易机制。探索建立区域内污染物排放指标有偿分配机制,逐步推行政府管制下的排污权交易,运用市场机制降低治污成本,提高治污效率。引导鼓励生态环境保护者和受益者之间通过自愿协商,实现合理的生态补偿。

（5）为完善生态补偿机制提供科技和理论支撑。建立和完善生态补偿机制是一项复杂的系统工程，尚有很多重大问题亟需深入研究，为建立健全生态补偿机制提供科学依据。例如，需要探索加快建立资源环境价值评价体系、生态环境保护标准体系，建立自然资源和生态环境统计监测指标体系以及"绿色GDP"核算体系，研究制定自然资源和生态环境价值的量化评价方法，研究提出资源耗减、环境损失的估价方法和单位产值的能源消耗、资源消耗、"三废"排放总量等统计指标，使生态补偿机制的经济性得到显现。还应努力提高生态恢复和建设的技术创新能力，大力开发利用生态建设、环境保护新技术和新能源技术等，为生态保护和建设提供技术支撑。

（6）加强生态保护和生态补偿的立法工作。环境财政税收政策的稳定实施、生态项目建设的顺利进行、生态环境管理的有效开展，都必须以法律为保障。为此，必须加强生态补偿立法工作，从法律上明确生态补偿责任和各生态主体的义务，为生态补偿机制的规范化运作提供法律依据，完善环境污染整治的法律法规，把生态补偿逐步纳入法制化轨道。

（7）加强组织领导，不断提高生态补偿的综合效益。建立和完善生态补偿机制是一项开创性工作，必须有强有力的组织领导。应理顺和完善管理体制，克服多部门分头管理、各自为政的现象，加强部门、地区的密切配合，整合生态补偿资金和资源，形成合力，共同推进生态补偿机制的加快建立。要积极借鉴国内外在生态补偿方面的成功经验，坚持改革创新，健全政策法规，完善管理体制，拓宽资金渠道，在实践中不断完善生态补偿机制。

三、建立生态需水保障机制

为了建立长效生态用水保障机制，需要从以下几方面着手：

（1）制定生态用水保障的规划。制定生态用水规划是保障生态用水的前提和保证。生态用水规划必须与其他相关规划相协调。生态用水必须在水资源综合规划、专业规划以及在其他国民经济有关的规划中占有一定的地位。值得欣慰的是，我国正在制定的水资源综合规划，给予生态用水极大的关注，为生态用水的配置和保障奠定了基础。

（2）构建生态用水技术保障体系。技术是生态用水保障的支持系统之一。目前，需要我们建立生态用水评价理论和指标体系，合理评价生态用水，确立生态用水阈值，编制生态用水各种预案，完善生态用水监测体系，建立生态用水专家支持系统，构建生态用水技术保障体系。

（3）建立生态用水补偿体系。近年来，各种用水挤占生态用水很明显，缺乏生态用水补偿机制，导致生态用水欠账过多。必须建立起生态用水的补偿体系，建立生态用水补偿制度。侵占和挤占生态用水，必须给予补偿。生态用水代言人要充分发挥代言人的作用，为保障生态用水负起责任。生态用水补偿应该是全额的，遵循"谁挤占，谁补偿；谁受益，谁补偿"的原则，同时完善和建立相应的追究责任制。

（4）确立合理的生态用水水价体系。水价是水资源配置的调节器，是利益分配的杠杆。随着市场经济的建立和完善，通过水价的方式配置水资源成为一种必然趋势。长期以来，水价研究特别关注生活用水、工业用水和农业用水的水价，对于生态用水水价缺乏足够的重视。生态用水有其特殊性,如何考虑其特殊的公益性而建立生态用水的水价体系是我们必须面临的新课题。新的生态用水水价体系要充分考虑生态用水的公益性、用水的紧张性和水资源公平和效率。对于特殊用途的生态用水,要给予特殊的政策,如类似圆明园生态用水,具有特殊的人文和历史价值,对于这样的生态用水,考虑其特殊的水价是十分必要的。

(5)构建生态用水保障的法律体系。市场经济是法制经济。完善的长效的生态用水保障机制,必须通过法律加以保障,才具有强制性。目前,有关环境保护的法规已经很多,但保障生态用水的法规还不十分完善,我们需要制订、完善相应法规,将生态用水保障纳入法制的轨道,构建生态用水保障的法律体系。

四、建立饮用水水源应急管理机制

(1)做好潜在事故发生源的管理,在易引发突发性环境污染事故的场所安装相应的监测和预警装置,如进行实时自动监测和多参数的数据采集,对工业废水、废渣处理,放射源管理等建立严格的防范措施。

(2)建立饮用水源突发污染事件应急处置技术库。饮用水源突发污染事件应急应当纳入地方各级人民政府和企业编制的突发水污染事故应急预案。饮用水源保护区内、保护区附近、地表水水源保护区上游的工业企业、污水处理厂、垃圾填埋场、化学品仓库等单位以及各自来水公司应实施应急物资储备制度,根据应急处置技术库的技术方案,建立重点应急物资储备库,用于饮用水源突发污染事件的应急工作。此外,应加强突发性事故特性及实例的研究,总结以往各种事故的发生和处理情况,以便建立对各种事故预防、监测、处理、处置和灾后恢复的知识库。

(3)建立饮用水源地预警和应急体系。一旦事故发生,预警系统自动向有关部门发出突发事故警报,并将有关信息迅速输入预警应急系统,由预警系统准确显示出发生地及其附近的地理图形。肇事单位和有关责任人必须立即启动应急预案,采取应急措施,防止污染饮用水源,并向当地环境保护、公安、建设部门和地方人民政府报告。当地环境保护、建设部门接到报告后,应当根据应急预案的要求,及时向本级人民政府报告,并采取相应的应急措施。在紧急情况下,环境保护行政主管部门可以责令企业立即停止生产。根据预警系统提供的信息,环境管理者调用模型库中的模型以及模拟污染物能涉及的范围、历时及其影响趋势等。同时有效利用危险识别、风险评价及灾时应急对策等知识库中的专家知识及实时监测和预警系统的报告。推理机制分析评价有关化学危险品的风险大小,确定与事故实际区域有关的效应;然后迅速采取应急措施,如关闭饮用水源取水口等。保持事故处理过程中实时跟踪监测,直至突发性事故最终得到控制或消除。在突发性环境污染事故的应急响应过程中,应急决策处于核心地位,决策的正确与否,是行动成败的关键。

五、健全社会监督与宣传机制

水资源保护不仅是政府的职责,还需要全社会的广泛参与。要充分发挥各种新闻媒体及水行政主管部门公报、简报等媒介的作用,开展多层次、多形式的水资源知识宣传教育,进一步增强全社会水忧患意识和水资源节约保护意识。

(1)做好对党委政府领导的宣传,水资源保护工作的成效在很大程度上取决于各级党委政府对水资源保护工作的定位。应向党委政府领导及时汇报水资源状况,提出合理化建议,转变水资源保护仅仅是为经济发展服务的观念,把水资源保护放在保障经济社会又好又快发展的基础地位对待,减少行政干预,保障水资源保护工作的顺利进行。

(2)做好全社会的宣传,每年制订宣传方案,主要新闻媒体在重要版面、重要时段进行系列报道,刊播公益性广告,广泛开展科普活动,宣传实行水资源“三条红线”管理的重要性、紧迫性以及国家政策措施,为实行最严格的水资源保护制度创造良好的社会环境。

(3)积极完善公众参与机制,通过听证、公开征求意见等多种形式,广泛听取意见,积极鼓励公众参与水资源保护,推进民主管理。同时,让水资源利益相关者参与有关政策的制定与管理过程,促使政府与水资源开发利用者各司其职,防止行政部门和开发利用者盲目追求短期利益。

第三节　科学研究与技术推广

科学研究与技术推广应包括水资源和水生态保护的重大战略研究、河湖健康保障以及水资源保护管理的重点技术及其推广利用研究等。

一、水资源和水生态保护的重大战略研究

水资源和水生态保护的总体战略:必须以水资源的可持续利用支持社会经济的可持续发展。建议从以下几个方面实行战略性的转变。

(一)防洪减灾

要从无序、无节制地与洪水争地转变为有序、可持续地与洪水协调共处的战略。为此,要从以建设防洪工程体系为主的战略转变为:在防洪工程体系的基础上,建成全面的防洪减灾工作体系。主要包括:①根据寿光市河流的总体治理目标,建设有质量保证的防洪工程系统;②寿光市各类分蓄行洪区,是防洪减灾工作体系的必要组成部分;③寿光市城乡建设布局要充分考虑各种可能的防洪风险;④建立防洪保险、救灾及灾后重建的机制;⑤建立现代化的防洪减灾信息技术体系和防汛抢险专业队伍。

(二)农业用水

要从传统的粗放型灌溉农业和旱地雨养农业转变为:以建设节水高效的现代灌溉农业和现代旱地农业为目标的农业用水战略。主要包括:①把提高水的利用效率作为节水高效农业的核心;②将节水高效农业建设列为寿光市重要的基础建设项目。

(三)城市和工业用水

在城市和工业用水方面,要从不够重视节水、治污和不注意开发非传统水资源转变为:节流优先、治污为本、多渠道开源的城市水资源可持续利用战略。除合理开发地表水和地下水外,还应大力提倡开发利用处理后的污水、雨水和微咸水等非传统的水资源。经净化处理后的城市污水是城市的再生水资源,数量巨大,可以用作城市绿化用水、工业冷却水、环境用水、地面冲洗水和农田灌溉水等。通过工程设施收集和利用雨洪水,既可减

轻雨洪灾害,又可缓解城市水资源紧缺的矛盾。

(四)防污减灾

要从末端治理为主转变为源头控制为主的综合治污战略。除工业和城市生活排水造成的点源污染外,寿光的面源污染也越来越严重。面污染源包括各种无组织、大面积排放的污染源,如含化肥、农药的农田径流,畜禽养殖业排放的废水、废物等,因此面源污染的控制已经到了刻不容缓的地步。面源污染的控制应与生态农业、生态农村建设相结合,通过合理施用化肥、农药以及充分利用农村各种废弃物和畜禽养殖业的废水,将面源污染减少到最大限度,同时也可取得明显的经济效益。湖泊、河流、海湾的底部沉积物蓄积着多年来排入的大量污染物,称为内污染源,目前已是水体富营养化和赤潮形成的重要因素,在适当条件下,还会释放出蓄存的重金属、有毒有机化学品成为二次污染源,对生态和人体健康造成长期危害,应与点源、面源污染一并考虑,进行综合治理。污染防治的最终目的是确保人民的身体健康,因此应把安全饮用水的保障作为水污染防治的重点,应加强对饮用水源地的保护。

(五)生态环境建设

要从不重视生态环境用水转变为保证生态环境用水的水资源配置战略。生态环境建设和水资源保护利用是一种互相依存的关系,生态环境建设对水资源保护利用起了有利的作用,同时,它也要消耗一定的水量。保障生态环境需水,有助于流域水循环的可再生性维持,是实现水资源可持续利用的重要基础。对这个问题,过去认识得不够,今后必须改正。

(六)水资源的供需平衡

要从单纯地以需定供转变为在加强需水管理基础上的水资源供需平衡战略。加强需水管理的核心是提高用水效率。提高用水效率是一场革命。目前,寿光市节水还有很大潜力。节约用水和科学用水,应成为水资源管理的首要任务。通过全面建设节水高效农业,可以大大提高农业的用水效率。通过推行工业的清洁生产,使工业用水量降低,这不仅可以节约水资源,而且可使城市废水量相应减少,大大削减污染负荷。提高用水效率,还应包括污水资源化、发展微咸水。

为了实现以上战略转变,必须进行三项改革。

1. 水资源管理体制的改革

水行政主管部门负责水资源的统一管理和监督工作,政府的其他部门按照职责分工,负责开发、利用、节约和保护的有关工作,但不负责资源管理。在水资源的权属管理和规划、调配、立法等重要的水事活动统一管理的前提下,发挥各部门在开发利用水资源中的作用,各部门开发、利用、节约和保护水资源制订的各项专业布局必须服从水资源综合规划,即"一龙管水、多龙治水"。水资源统一管理体制改革不是简单地将其他部门管水职能向水行政主管部门转移或归并,更不是简单地变换名称,而是在水行政主管部门统一管理的框架下,根据政企分开、政事分开、政资分开的原则,明确界定政府、企业、事业单位和社会中介组织的职责,形成以政府为主导,多元主体参与,政府、市场、社会有机结合,所有权、经营权、监管权相互制约的新型管理体制和社会筹资、市场运作、企业开发的良性运行机制。

2. 水资源投资机制的改革

寿光市政府要积极拓宽投资渠道,建立长效、稳定的水资源管理投入机制,保障水资源节约、保护和管理的工作经费。要按照市场经济体制的要求,着力改变单纯依靠政府投入的传统方式,建立起以政府投资为主导,社会资金参与,市场化、企业化运作有机结合的投融资新模式,形成多元化、多层次、多渠道水资源管理投入机制。

3. 水价政策的改革

水价是促进水资源节约保护的重要杠杆,是需水管理的重要手段。进一步推进水价改革,建立科学合理的水价形成机制,激活水市场,既是完善社会主义市场经济体制,提高资源配置效率的客观需要,也是推动节能减排,促进我国经济发展方式转变的迫切要求。

1) 建立健全合理的水价形成机制

水价虽然被称为价格,但却不是由供需所决定的市场价格,而是政府根据多种因素的综合定价,是政府最主要的调控手段。推进水价改革,要充分体现政府调控职能,按照中央关于推进资源性产品价格改革的要求,建立既充分体现水资源紧缺状况和符合市场经济规律,又兼顾社会可承受度和社会公平,有利于节约用水、合理配置水资源、促进水资源可持续利用的水价形成机制。建立科学合理的水价形成机制,一要综合考虑各地区水资源状况、产业结构与终端用户承受能力,合理调整水资源费征收标准,扩大水资源费征收范围。实行优水高价、劣水低价,不同用水户、不同区域、不同时间使用不同质不同量的水资源,其水资源费标准也应不同。实行分区域定价和季节性差价,以调剂丰、枯水期和上、下游之间的用水高峰,缓解集中用水矛盾。二要按照促进节约用水和降低农民水费支出相结合的原则,逐步实行国有水利工程水价加末级渠系水价的终端水价制度,加快完善计量设施,推进农业用水计量收费,实行以供定需、定额灌溉、节约转让、超用加价的经济激励机制,推进农业水价综合改革。三要按照补偿成本、合理盈利的原则,合理调整非农业供水水价,对居民用水实行阶梯式计量水价,对非居民用水实行计划用水和定额管理,实行超计划和超定额累进加价制度,缺水城市要实行高额累进加价制度,适当拉开高耗水行业与其他行业的水价差价。四要加强水价管理,增加水价决策的透明度。水价除工程水价外,还应该包括资源水价和环境水价。资源水价是水资源费,卖的是水的使用权;工程水价是生产成本和产权收益,卖的是一定量和质的水体;环境水价是水污染处理费,卖的是环境容量,三者构成完整意义上的水价。提高水价时,应明确提高的是哪一部分水价,让用水户清楚提高水价的原因,消除提高水价带来的社会影响。

2) 建立和完善水市场

水资源的特殊性决定了水市场不同于一般的商品市场,而只能是一个准市场,是一种政府和市场相结合的水资源管理制度,即政府为水市场提供一个清晰、明确的法律框架和法律环境,而把提高水资源的使用效率和配置效率留给市场去解决。建立水市场,不仅避免了水资源利用中的"市场失灵"和"政府失灵",而且发挥了市场和政府各自的比较优势,是一种比较成熟和可行的市场运行机制,能确实起到节约用水和优化水资源配置的作用。

建立和完善水市场,要遵循以下六项原则:一是水资源所有权与使用权分离的原则。明晰水资源的所有权和使用权,这是水权转让的前提。二是统一监督管理的原则。必须坚持全面规划、统筹兼顾,正确处理国家、集体、个人,不同流域、区域、上下游、左右岸和所有用水户的利益。三是政府行政调控与市场调控相结合的原则。水市场是准市场,必须将政府行政调控与市场调控结合起来,才能建立水权转让和水交易的有效运转机制。四是水资源有偿使用、有限期使用的原则。水资源使用者在取得水资源使用权时必须付出一定的费用,在一定期限内使用。五是兼顾公平和效率的原则。在进行水权转让时,应当兼顾水资源所有者和使用者利益,水权转让双方的权利、义务应该对等,应以最低的交易成本,获得水权转让的最好效果。六是环境保护原则和可持续发展原则。要以水资源承载力和水环境承载力作为水权配置的约束条件,将水量和水质统一纳入水权的规范之中。

建立和完善水市场的主要途径:一要明晰初始水资源使用权,制定两套指标体系,实行宏观总量控制和微观定额管理,这是建立水市场的基础。二要配套政策法规,建立健全法律法规体系,保障水市场的正常运行。三要转变政府运作方式,加强政府调控,实行水资源的统一管理、统一调度。四要完善水价形成机制,制定合理的水价体系,发挥价格杠杆对水资源优化配置的调节作用。五要拓宽投融资机制,通过发挥市场机制的作用,建立多元化的投融资体制,多渠道、多形式筹集资金,形成投入产出的良性循环。六要强化宣传,提高全社会的水市场意识,唤起全社会参与建立水市场的积极性。

二、重点技术及其推广利用研究

水资源保护是指为保护地表水、地下水的资源属性,实现水资源可持续利用而采取的法律、行政、技术和经济等措施。水通过流动性将流域内上下游、左右岸联系起来,通过它对经济社会与生态环境系统的支撑而将社会经济系统与生态环境系统联系起来,应将重点技术进行推广。主要包括水功能区限制排污总量技术、入河排污口布局与整治技术、面源治理与内源控制技术、水源地保护技术、水生态系统保护与修复技术和地下水环境修复技术。

(一)水功能区限制排污总量技术

水功能区限制排污总量技术体系以及在纳污能力及入河控制总量计算、限制排污总量核定与分配方面的技术方法等方面,应与水资源保护及水污染防治新情况与新需求实现有效对接。

水功能区限制排污总量技术体系的基本任务是以水体功能对应的水质目标达标为导向,根据基于不利水文条件下的纳污能力,提出污染源的限制排放控制方案;其主要技术目标是基于水功能区纳污能力,建立"分期(不同规划期和水期)、分类(10类水功能区)、分区(行政分区或陆域控制单元分区)"的水功能区限制排污总量管理方案;其技术关键是根据水功能区—入河排污口(支流口)—控制单元(污染源)的拓扑关系,确定水功能区与对应陆域的关系,并据此建立不利水文条件下(包括对点源与非点源的不利水文条件),控制单元污染排放及入河负荷与水功能区水质响应关系。

1. 水功能区纳污能力与限制排污总量核算

水功能区纳污能力与限制排污总量核算包括纳污能力核算、安全余量计算、入河系数分析3个部分。从纳污能力核算角度分析,影响水功能区纳污能力的因素包括4个方面:不利水文条件、水质模型及参数、污染源入河(湖)空间格局、水功能区控制断面及其水质目标。其中,设计水文条件的确定需要分析典型水文过程或不同水期的动态纳污能力变化特征,并据此筛选不利水文条件。增加水功能区安全余量,既是对水功能区纳污能力计算过程中诸多不确定性的补救,也是分区差异性限制排放管理的调控切入点。如果说水功能区纳污能力更多体现的是水体自然特性,安全余量则可以将社会管理需求与水体自然属性综合在一起,基于严格保护的原则,可以按照水功能区分类保护需求、水功能区水质达标现状、陆域经济社会发展特征、流域生态安全状况等,确定水功能区安全余量。入河系数是链接水功能区限制入河量与控制单元限制排放量的桥梁,入河系数的确定可以基于控制单元内污染物的流态特性分析,结合现状排放量与入河量的监测调查合理确定。

2. 水功能区限制排污总量时空分配

水功能区限制排污总量时空分配包括点源与非点源控制排放量分配、限制排放量空间分配(包括分区限制排放量分配及分区污染源限制排放量分配)、限制排放量时间分配3个方面。点源与非点源控制排放量分配主要是基于结合水期特点或不利水文过程确定的动态纳污能力,再根据点源及非点源入河负荷特点、相关环境政策及污染治理的技术经济可行性,科学界定点源和面源的限制排放量。当然,有关点源及非点源限制排放量的分配问题十分复杂,需要一整套包括非点源入河负荷估算、非点源污染控制适用技术及其技术经济评估技术等在内的技术方法作为支撑。水功能区限制排放总量的空间分配包括两个层面:即流域—控制单元和控制单元—污染源的分配,前者形成分区的限制排放总量,后者落实到每个污染源的减排量。

水功能区限制排污总量的时间分解主要指针对不同阶段的水功能区达标率目标需求,核定其纳污能力与限制排污总量。因此,需要根据流域水资源保护目标需求,结合流域内经济社会发展趋势与产业结构变化、水污染防治现状水平、水污染防治规划等,确定不同阶段水功能区的水质目标。针对不同阶段的水功能区水质目标,按照前述技术体系,核定限制排污总量及空间分配方案,形成水功能区分阶段限制排污总量方案。

3. 水功能区水质改善需求与可达性分析

按照从严核定水域纳污能力的要求,根据入河污染物量调查和预测成果,进行水功能区达标率与污染物入河控制量方案的协调性与可达性分析。在确定水功能区达标率和污染物入河控制量方案的过程中,应结合经济社会发展、入河排污量及排污口分布、限制排污总量时空分解成果,根据各类水功能区达标目标要求,注意从流域上下游综合平衡的角度,协调污染物入河量控制成果和达标率之间的关系,并通过反馈调整,不断优化污染物入河量控制方案。

(二)入河排污口布局与整治技术

1. 排污口生态净化工程

排污口生态净化工程是针对经处理达到相应排放标准的废污水,或合流制截流式排水系统的排水,为进一步改善其水质、满足水功能区水质要求而采取的各种生态工程措施,包括生态沟渠、净水塘坑、跌水复氧、人工湿地等。排污口生态净化工程应紧密结合当地自然地理条件、废污水特性、防洪排涝要求及景观需求等。

2. 入河排污口合并与调整工程

入河排污口的合并与调整,应根据水功能区水质目标,结合当地污水处理设施的建设情况和规划要求。对于城区内禁止设置入河排污口的水域,入河排污口整治应重点考虑污水集中入管网,并与城市的污水截流系统相协调;截污导流一般采取将入河排污口延伸至下游水功能区,或延伸至下游与其他入河排污口归并等形式。对于无法实施集中入管网或截污导流的入河排污口,如果具备合适的条件,可以考虑调整排放。调整排放的水域必须符合水功能区管理的要求。对于远离城市的禁止设置入河排污口水域,由于不具备污水入管网的条件,应重点考虑污水处理后回用、调整(改道)、截污导流等措施。

3. 污水经处理后回用

污水经处理后回用包括厂内循环回用和厂外回用两个部分。对于工业污水处理设施产生的达标尾水主要考虑企业内部循环回用;对于城镇污水处理厂处理达标的尾水主要考虑深度处理后的厂外中水回用。厂外中水回用是重点,对于城区以外的入河排污口,回用包括农田灌溉、绿化用水等,但农田灌溉、绿化等回用水不应回流入原水域。对于未按有关要求建设中水处理回用系统、中水回用率达不到要求的城市区域,应限制新设入河排污口;对于排污量大、对水功能区水质达标具有显著影响的排污企业,若采取上述整治措施仍无法满足水功能区水质目标要求,则应提出关闭或搬迁企业的整治要求。

(三)面源污染治理与内源控制技术

1. 面源污染治理技术

面源污染已成为水环境的最大污染源,而来自农田的氮、磷在面源污染中占有最大份额。研究表明,水体中的 TP 与流域内农业用地的比例呈正相关关系。多入库污染途径中,入库河流是水库的"咽喉"。经地表径流汇集后,入库河流携带水库流域内的各种工业废水、居民生活污水、养殖废水和库区周围土壤中残留的化肥、农药、垃圾杂物等污染物形成了入库污染。

国内外主要采用化学氧化法、生物氧化法、吸附法及生态湿地控制技术等手段治理入库河流污染。目前常用的工程措施主要包括农村河道综合治理工程和农田氮磷流失生态拦截工程。其中,农村河道综合治理工程主要包括河道清淤、河道生态净化、生活污水厌氧净化池、生活垃圾发酵池、田间垃圾收集池和乡村物业服务站等。农田氮磷流失生态拦截工程主要是通过实行灌排分离,将排水渠改造为生态沟渠,针对不同灌区的排水特点,合理设计生态沟渠的规模与形式。根据沟渠中设置的不同植物和水生生物的特性,充分利用其能够吸收径流中养分的特点,对农田损失的氮磷养分进行有效拦截,以控制入河污染物的排放总量。

2. 内源控制技术

当水库的点源污染和面源污染得到有效控制后,内源污染就成为水库污染治理的重点,也是治理的难点。在生物、化学和物理的相互作用下,沉积物在泥水界面之间互相转化迁移,污染物质对上层水体继而构成严重威胁,在富营养化程度越轻的水库这种现象越不明显;在富营养化程度越重的水库,这种现象越是显著。

截至目前,沉积物污染的控制技术已有了明显的分化,主要有原位处理和异位处理两种技术,实践表明,这两种技术均得到很好的发展。沉积物异位处理技术主要包括疏浚和疏浚后的处理,主要通过对水库沉积物进行机械挖除来转移或者减少沉积物中污染物的释放。国内采用疏浚技术的湖泊水库有滇池、巢湖、西湖等。疏浚技术具有很多优点,也有很多的缺点,其最显著的缺点是转移以后的次生污染。原位治理技术指运用物理、化学或者生物方法减少沉积物的迁移、释放,降低其对上覆水体的污染。按照治理技术的方法不同可以分为物理法、化学法、生物法,不同方法有其特点和适用范围。目前针对污染沉积物采用的原位污染控制技术主要包括原位自然净化修复、原位化学钝化、原位覆盖、原位生物修复及原位人工曝气等。目前,国内外应用最广泛、处理成本最低的仍然是絮凝法,但是其显著的缺点是化学物质的投加会对沉积物种的生物带来一定的影响,有可能造成二次污染。因此,开发无毒、絮凝性好、凝聚力强、成本低、处理效果好的新型处理剂成为当今原位处理的热点问题。

内源治理的工程措施要充分考虑以下三个方面:一是对于重要河段进行综合整治,实施河道、湖泊生态清淤工程,促进区域水系畅通,减轻内源污染,同时开展污泥处理利用,防止二次污染。二是对于围网养殖污染严重的水域,实施围网养殖清理工程,逐步拆除围网养殖;实施池塘循环水养殖技术示范工程,对现有养殖池塘进行合理布局,构建养殖池塘—湿地系统,实现养殖小区内水的循环利用。三是对于航运污染严重水域,实施船舶防污,建设和完善船舶污染物岸上接收设施,建立和完善船舶污染应急基地、码头。四是对于城市供水水库的内源控制,其用途的特殊性决定了对其可采取的技术措施具有苛刻要求,供水水源直接关系饮用水水质安全问题,对于湖泊、景观水体所能采取的沉积物原位污染控制技术措施对于水源水库大部分不适用,必须针对水源水库特征在兼顾水质及经济成本的前提下,采取合理、高效、切实可行的原位污染控制技术。

(四)水源地保护技术

水源地保护是一种源头控制措施,涉及水力学、环境学、生态学、毒理学等多个方面的知识,各种作用在水源地内相互作用、相互影响,体现出水质改善的综合效果。水源地水质改善的关键技术主要有:水体生物强化水质净化技术(包括生物浮床技术、生物膜技术和生物调控技术)、水力调控技术(通过调水、换水、人工增氧等措施,改变水体的流态和水中分层的氧气含量,从而改善水质,国内外应用较多的主要有换水/稀释、人工增氧曝气、扬水曝气等技术)、岸坡生态护砌技术、滨岸缓冲带技术、前置库技术、人工湿地技术及污染底泥清淤、封闭或覆盖技术等。考虑到水源地自身条件的不确定性、环境条件的复杂性,在进行水源地生态修复过程中,要从生态系统完整性的角度出发,因地制宜、集成运用各种水质改善技术,建立水源地生态防护体系,强化水体自然净化和自我修复的能力,维护健康的水源地生态系统。

(五)水生态系统保护与修复技术

水生态系统保护与修复技术主要包括生态需水保障、重要生境保护与修复等。

1. 生态需水保障技术

1)基于生态需水量分析的生态流量调控技术

河湖生态保护与修复的核心之一是维护和保障河湖生态用水需求。常用的生态基流计算方法可以分为水文学法、水力学法、生境模拟法和综合法等几种类别。目前,生态系统模型和流域水文模型已被广泛开发和应用,加强二者的耦合可以更好地研究陆地生态系统与流域水循环的相互作用关系。通过构建生态水文模型,经过模拟得到生态水文格局和演变规律,不仅能再现历史生态水文演变过程,同时还可以进行不同情景条件下的生态水文响应预测,可以为变化环境下河湖湿地生态补水措施的优选提供理论依据和技术支撑。基于生态需水量分析的生态流量调控技术的关键问题主要涉及河湖湿地生态水文模型的构建、河湖湿地生态需水量的整合计算、变化环境下河湖湿地生态水文响应,以及河湖湿地生态补水的模拟优选等四个方面。基于生态需水量分析的生态流量调控技术框架如图 8-1 所示。

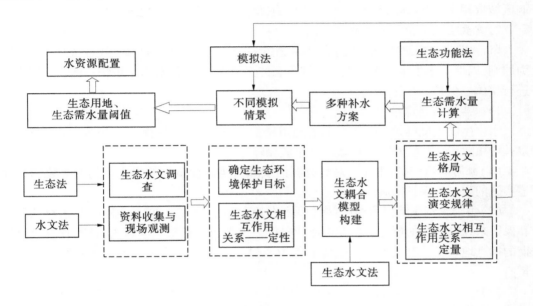

图 8-1　基于生态需水量分析的生态流量调控技术框架

2) 水库、闸坝生态调度技术

传统的水库调度方式会给河流生态系统造成了一定的胁迫效应。降低大坝的建设和运行对河流生态系统负面影响的措施可分为两类:工程措施和水库生态调度措施。工程措施主要解决大坝所造成的鱼类洄游阻隔、下泄水流水温变化、溶解氧气过饱和或过低等问题,包括建设过鱼设施、水库分层取水装置、鱼类友好的水轮机等水利枢纽设施设备。水库生态调度主要致力于改善水库调度方式,合理运行大坝设施,部分恢复自然水文情势,修复大坝上下游河流的生态系统结构和功能。与工程措施相比,水库生态调度措施具有实施费用较低、便于开展原型试验、对下游河流生态修复的影响范围较大、生态修复效果较明显等特点。水库生态调度的理论和技术在近几十年来已得到了广泛的关注、发展和应用。

我国水库、闸坝生态调度主要特指考虑河段上下游生态保护目标和水环境保护要求的闸坝调度运用。因此,应根据河段可调控供水节点(水库、闸、坝)的运行方式,以及各类生态敏感区域在敏感期对水量、流速、水位等的要求,制订的水库(群)、闸、坝多目标联合优化调度的规则和方案。

3) 生态补水技术

在严重缺水地区或严重缺水时期,通过生态补水可在一定程度上遏制生态系统的结构破坏和功能丧失,逐渐恢复生态系统原有的自我调节功能。对于需要进行生态补水的重要河段、湖泊、湿地及生态敏感区等,在生态用水配置的基础上,结合水资源综合规划和流域综合规划修编结果,明确补水水源、补水时机及补水水量,建设生态补水工程。对水资源开发利用程度较高的地区,根据水资源开发利用率评价结果,结合"加强水资源开发利用控制红线管理,严格实行用水总量控制"的最严格水资源管理制度要求,通过严格控制区域取用水总量、水资源统一调度等措施,保障并恢复区域水生态安全。

2. 重要生境保护与修复技术

坚持以"保护天然生境、维持自然生态过程为主,近自然恢复等人工生态控制为辅"为原则,以保护水生生物多样性和水域生态的完整性为目标,对水生生物资源和水域生境进行整体性保护。

1) 水生生物生境维护

水生生物生境维护主要包括洄游通道维护、鱼类天然生境保留、"三场"保护与修复以及增殖放流、过鱼设施、分层取水和水质保障等措施。

(1) 洄游通道维护:主要指对具有溯河或降河洄游性鱼类等水生生物的主要洄游通道实施的生态学保护措施。

(2) 鱼类天然生境保留河段:指为保护特有、濒危、土著及重要渔业资源,需特殊保护和保留未开发河段的情况。鱼类生境状况指在规划或工程影响区域内,鱼类物种生存繁衍的栖息地状况。对鱼类天然生境的保留或保护直接关系着区域鱼类物种的数量与质量。

(3) "三场"保护与修复:主要指对鱼类集中产卵场、越冬场和索饵场的保护,特殊河段还需要提出鱼类资源避险场的保护要求。鱼类"三场"保护具体要求,通过优化配置水资源和采取必要的工程措施,对因水利水电工程建设、河道(航道)整治、采砂以及污染排放等人为活动而遭到破坏或退化的鱼类"三场"进行保护和修复。

(4) 增殖放流:主要指通过水生生物人工增殖放流的抚育行为,对水生生物保护物种和渔业资源的保护措施,包括珍稀鱼类物种保护型增殖放流和经济鱼类资源增殖型放流。各市应根据生态特点,从总体角度,合理规划布局流域濒危水生生物驯养繁殖基地,制定水生生物人工放流制度。

(5) 过鱼设施:指不同类型的鱼道、集鱼船、升鱼机等工程设施,保证水工程阻隔河段鱼类洄游、通过的措施。

(6) 分层取水:主要指为减少水库建设低温水下泄及过饱和气体水流对下游河段敏感保护性水生生物的影响而采取的工程措施,主要包括水库分层取水和泄放水等。根据水库水温垂向分层结构,结合下游河段水生生物的生物学特性,调整利用大坝不同高程泄水孔口的运行规则。针对冷水下泄影响鱼类产卵、繁殖的问题,可采取增加表孔泄水的机会,以满足水库下游的生态需水。

2) 河湖湿地保护与修复

河湖湿地保护与修复主要包括隔离保护与自然修复、河湖连通性恢复、河流湿地保护与修复、河湖岸边带保护与修复等。

(1) 隔离保护与自然修复:指为减少湿地尤其是湿地自然保护区人为干扰而采取的

人工隔离或封闭措施。生态系统的自我修复功能是指在相对短的时间内,靠生态系统自身功能,使得生物群落多样性增加,物种均匀性增加,在没有某一物种占优势的情况下,生态系统的功能不断完善。改善后的结构对于外界的干扰具有较强的恢复力,使生态系统逐步健康起来。

(2)河湖连通性恢复:指对产生生态阻隔的河湖生态系统或单元实施的生物学连通措施。根据"洪水脉冲理论",利用水库蓄水制造人工洪峰,逐步通过人工调控水库制造洪水下泄实现漫滩,并配合植被带建设以达到修复河岸带的目的;结合防洪工程展宽河流两岸堤防间距,不但实现"给洪水以空间"的目的,同时为在汛期恢复河流与滩地、水塘、死水区和两岸湿地的连通性创造条件;通过合理调度闸坝、恢复通江湖泊的水力联系、拆除作用不大且阻碍水系连通的闸门,对阻碍水系连通的河段进行生态疏浚等,从而改善水系的连通性。

(3)河流湿地保护与修复:指湿地生态水配置保障、湿地土地利用、生物多样性保护等措施。湿地是鱼类、鸟类及多种珍稀、濒危水禽生存繁衍、栖息的场所和迁徙通道,并具有调蓄洪水、截留阻滞富集污染物的作用。湿地面积的大小可用于反映河流生态环境状态的优劣程度,适宜的生态用水是保证河流(湿地)生态系统稳定的主要因素。对于重要湿地,应合理规划水利工程及水资源开发项目,严格限制围湖、围海造地和占填河道等改变湿地生态功能的开发建设活动;协调灌区开发与湿地保护的关系,禁止占压和开垦天然湿地;对受损的重要湿地应开展生态补水、水环境保护、生物多样性修复工程措施。

(4)河湖岸边带保护与修复:河湖岸边带主要由堤岸和河湖漫滩组成,是河流生物的主要栖息地,且作为拦截陆域污染的屏障具有保护河流水质的作用。对遭到破坏的重要河湖滨带、河流廊道,有针对性地进行生态修复试点,拟定相应措施,改善提高河流景观的空间异质性和生物多样性。在平面形态方面,尽可能恢复河流近自然的蜿蜒性特征,恢复河流原有的宽度,给行洪留有一定的空间,在汛期保持主流与河汊、池塘和湿地的连接。恢复河床的垂向渗透性,保持地表水与地下水的连通。通过合理闸坝调度,在一定条件下形成人造洪峰,改善下游河段生态状况。通过这些景观要素的合理配置,使河流在纵、横、深三维方向都具有丰富的景观异质性,形成浅滩与深潭交错、急流与缓流相间、植被错落有致、水流消长自如的景观空间格局。主要措施包括河湖滨带生态保护与修复工程、岸坡防护生态工程、滚水堰工程、前置库工程、湖库内生态修复工程、生态疏浚等。若涉及城市河段(湖泊),工程措施还要要兼顾城市河流(湖泊)生态景观要求。

(六)地下水环境修复技术

地下水环境修复技术主要有物理法、化学法、生物法和复合处理技术四类。

地下水污染的物理修复技术指以物理规律起主导作用的技术,主要包括:水动力控制法、流线控制法、屏蔽法、抽取法、水力破裂处理法等。地下水污染的化学修复技术指使用化学原理来处理地下水污染的技术,归纳起来主要有两种方式,即有机黏土法和电化学动力修复技术。生物修复技术是指利用天然存在的或特别培养的生物(植物、微生物和原生动物)在可调控环境条件下将有毒污染物转化为无毒物质的处理技术。复合法修复技术是同时使用了物理法、化学法和生物法中的两种或全部,如渗透性反应墙修复技术(见图8-2),同时利用了物理吸附、氧化—还原反应、生物降解等几种技术,抽出处理修复技术在处理抽出水的同时使用了物理法、化学法和生物法。以上两种复合修复技术是目前广泛应用的地下水环境修复技术。

　　由于抽出处理修复技术涉及地下水的抽提或回灌,对修复区干扰较大,该技术的使用比例已呈下降趋势。而原位修复技术在近年来的理论研究与实际应用中逐步成熟,其使用比例呈逐年递增趋势。地下水原位修复技术以及其他多种修复技术的联合应用已成为当前地下水污染治理发展的主要趋势。

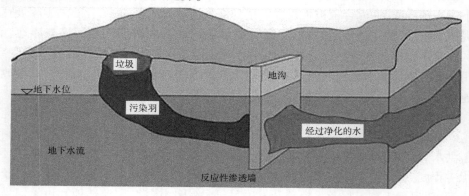

图 8-2　渗透性反应墙技术示意图

参 考 文 献

[1] 赵春明. 中国治水方略的回顾与前瞻[M]. 北京:中国水利水电出版社,2005.
[2] 赵喜富. 基于"三条红线"的滨海地区水资源优化配置研究[D]. 济南:山东大学,2016.
[3] 左其亭,王树谦,刘廷玺. 水资源利用与管理[M]. 郑州:黄河水利出版社,2009.
[4] 田守岗,范明元. 水资源与水生态[M]. 郑州:黄河水利出版社,2013.
[5] 张保祥,Geiger W F,王明森. 滨海地区水资源综合管理方法[M]. 北京:中国水利水电出版社,2013.
[6] 刘勇毅,徐章文,刘肖军,等. 水资源动态循环管理[M]. 济南:泰山出版社,2014.
[7] 杜贞栋. 山东省水资源可持续利用研究[M]. 郑州:黄河水利出版社,2011.
[8] 彼斯瓦斯. 发展中国家水资源开发保护与管理[M]. 郑州:黄河水利出版社,2009.